北京林业大学 校园植物导览手册

2015年9月 版

纭七柒　编著

U0199153

中国林业出版社

编者信息

编　著：纭七柒（园林 2004 级）

摄　影：纭七柒（园林 2004 级）

绘图排版：纭七柒（园林 2004 级）

咨询顾问：陈世枢（林学 1955 级，1973-1991 就职于北林绿化部门）

　　　　　张天麟（园林 1956 级，园林学院退休教师）

　　　　　路端正（生物学院退休教师）

　　　　　袁　涛（博园林 1996 级，园林学院教师）

　　　　　刘秀丽（园林 1993 级，博园林 2003 级，园林学院教师）

　　　　　罗　乐（园艺 2002 级，博园林 2009 级，园林学院教师）

　　　　　汪　远（生技 2005 级，上海辰山植物园工程师）

　　　　　何　理（游憩 2005 级，博野保 2012 级）

　　　　　尚　策（林学 2006 级，博野保 2013 级，自然保护区学院教师）

　　　　　余天一（环设 2014 级）

校　订：汪　远（生技 2005 级，上海辰山植物园工程师）

　　　　　王昕彦（园林 2006 级，上海辰山植物园景观设计师）

　　　　　李晋杰（土木 2013 级）

特别鸣谢：所有帮助过我们的朋友们

编撰过程：

第一步：拍摄植物照片（2012 年 4 月至今）

第二步：实地测绘（2012 年 7 - 8 月）

第三步：绘制 CAD 植物现状图（2013 年 3 月）

第四步：存疑植物鉴定（2013 年 4 月至今）

第五步：植物名录统计（2013 年 6 月）

第六步：图文混排（2013 年 8 月）

第七步：排版初步修改和完善（2014 年 9 月 - 2015 年 1 月）

第八步：实地复查（2014 年 11 月）

第九步：初步校订（2015 年 1 - 2 月）

第十步：填制彩色平面图（2015 年 4 月）

第十一步：排版修改和完善（2015 年 5 - 6 月）

第十二步：再次实地复查（2015 年 7 - 9 月）

第十三步：最终修订（2015 年 9 月 - 2016 年 1 月）

为每一颗种子而热泪盈眶

那是一个春日的下午，阳光从西侧的窗户洒进来，照在客厅里暖洋洋的，我就这样看着一位古稀老人在客厅里转着圈地跑着笑着欢呼着，眼里含着泪，只因为她无意中找到了3颗以为已经弄丢的种子。

对，只是因为3颗种子。

2012年初我辞职创业，春暖花开时在北林各处拍照。有天看到几个学生在做植物认知，围着一棵树，有人说是这种树，有人说是那种树。那时我就想，如果能有一本册子，告诉大家校园内的每棵树是什么树，该有多好，于是开始做《校园植物导览手册》。在图纸画得差不多的时候，我想了解多一些北林植物的故事，高斌老师说，如果要问北林植物的故事，那一定得去问人称"银杏奶奶"的陈老师。于是乎在2013年的5月，我第一次去拜访了陈世枢老师。

见面前我只跟老师通过一个电话，对她的事也知之甚少，见面聊起来倒是一见如故，因为我们都有着同样的籍贯——四川泸州。老师在20世纪30年代出生在四川泸州，小学时随父母迁居广州，然后在1955年考进北京林业大学林学专业，说起来真是北林最老一代的校友了；1973年进入云南林学院（北林南迁时校名）工作，1981年调入北林绿化科，从事校园绿化工作，直到1991年退休。

20世纪80年代初，刚经历了十年南迁的北林，回到北京的校址后面对的是一片萧索。50年代种下的银杏、美桐等树木都还在，但植物园被毁掉了，必须及时引种大量植物，以满足教学和绿化的双重需要。那时候的陈老师，一方面时常和各个学院的老师碰头，了解他们需要哪些种类的植物，另一方面又通过公私各种渠道，去获取各种各样的种子和小树苗，那些来自全国乃至世界各地的小生命们。她拍着胸脯自豪地说起她种的第一棵美国肥皂荚，那是一位老师从美国带回来的种子种出来的。那一刻我震惊了，因为现在在校园内的美国肥皂荚可是十几米高的大乔木。想象一下它从一颗种子长成现在的参天大树，30年的时光，是多少心血的浇灌，才成就了它依然屹立在此？我突然觉得自己很肤浅，我所理解的种树不过是在图纸上画个圈然后去苗圃买个苗就种好了的事，殊不知30年前艰辛的引种，才打下了如今校园内植物多样性的基础。

陈老师讲了很多往事，有欢笑也有悲伤。她说当时和植物圈内很多人都很熟，大家知道她是干实事的人，都给她最好的最珍贵的树苗，曾经像背着孩子一样小心翼翼地背着一箱天山云杉树苗从朱辛庄回北林，那种激动的心情仍难以忘却。她说像来自美国的美国肥皂荚，来自欧洲的欧洲七叶树等等，很多树种都是从种子种起来的，看着它们生根发芽，看着它成长，像养孩子一样养着它们。

她说银杏道上有67棵银杏树，苗木是1937年在鹫峰育的苗，1954年左右在林大种下，算到现在已有77年树龄了。十几年前银杏道拓宽道路减小了树池宽度对银杏的生长不利，已经退休的她跟管理部门呼吁了很久，将人行道上的砖换成了透水砖，所以留下了"银杏奶奶"的美誉。她还希望能让中间的车行路再窄一点，让树池再大一点，让银杏生长得更好一些。

她说现在都不愿意在校园里走，因为不忍心看着她的孩子们一个个消失。听着她说当初种的植物，我只能开心地告诉她"这个还在"，或者是悲伤地告诉她"这个真的没了"。

在陈老师的众多孩子里，有一个一直是她的心头之痛。那是一棵叫"巴旦杏"的树，也是从一颗种子种出来的树。它来自新疆，外形有点像山桃，但开出来的花特别美。陈老师伸出拳头跟我说"它的花有这么大！粉红色的，可漂亮了！远看就像一朵粉红色的云朵。"当然，说拳头大是夸张了一些，只是形容花朵大而美艳。可是在1999年，要在这棵树生长的地方修建着11号楼，学校方面没有及时移栽，施工方又偶然得知了这是一棵好树，就在一夜之间将树挖走了。我能理解陈老师那时候的悲愤，就像自己的孩子突然间失踪了一样。她后来一直打听这棵树的下落，想再看一看它，但是一直无果，遗憾至今。

我们的聊天就在这样一会儿欢乐一会儿悲伤的氛围中继续着。说着说着，她说要给我看看美国肥皂荚的大果实，那是她珍藏的宝贝。说是曾经美国肥皂荚每年都结果，一个果序有三四十厘米长，但后来可能是雌株死亡或者什么未知原因，就不再结果了。老师在房间里翻翻找找，找出一个大盒子，里面装着一个完整的果序。然后，陈老师突然发现了什么东西，惊呼"终于找到了！"就开始在客厅里跑着笑着欢呼着，我看着她的眼睛里含着泪水，我也为她激动到热泪盈眶。那是3颗巴旦杏的种子！在那一棵巴旦杏失踪后，找寻无果，只留下了当初结下的这3颗种子，本来想等到春天播种再种出一棵来，可是因为多年来数次搬家却怎么都找不到了，以为弄丢了。所以这次打开美国肥皂荚的盒子，意外发现了这3颗种子，陈老师才会如此兴奋。只是错过了最好的播种时间，不知道它们还会不会生根发芽。这种园艺用的巴旦杏种子和干果类的巴旦杏种子不太一样，并不容易寻找到，于是陈老师又让我把种子的形态拍下来，继续托人去新疆寻找种子。

故事讲到这里，我多么希望，可以通过大家的力量去寻找那棵失踪的巴旦杏，如果它还存在于这个世上，那么可以让奶奶再看一眼，了却心愿。如果真的找不到了，那么我们就努力再找到巴旦杏的种子，再种出一棵来，让老人在有生之年，在北林，再看见，伊犁河谷的春天！

目录

北林简史

1952年，教育部、林业部着手筹建北京林学院，选定西山大觉寺为临时校址。大觉寺地处与西山相连的阳台山麓，依山傍水，为北京著名古刹。据大觉寺内辽碑记载，该寺建于辽代咸雍四年（1068年）。寺内亭台楼阁，错落有序，苍松翠竹，四季常青，春日古玉兰花开，秋季漫山红叶。这座古刹风景虽好，但远离市区，且房舍破旧，年久失修。筹备小组及时修缮了房屋并安排了宿舍，于1952年10月开学上课。

1954年，北京林学院肖聚庄（现称肖庄）新校址的选定是根据北京市都市计划委员会建设文教区的规划。本校征得约1000亩土地建设校园，专业楼、学生宿舍楼、食堂、教工宿舍等相继竣工，于1954年11月基本建成，12月由大觉寺迁入肖庄新址。其中专业楼（今生物楼）为本校第一幢教学楼。与此同时，征购了苗圃地300亩，气象站也在苗圃附近开始建立。

1956年，北京农业大学造园专业调整并入本校并成立城市及居民区绿化专业后，学校领导认为有必要为该专业开展教学科研建立植物园。植物园规划约207亩，位于校园偏北部分，同时在植物园低洼地建人工湖，设小岛、木桥、岩溪等。到1958年，植物园内种植各种木本、草本植物约600种。遗憾的是美丽的校园却屡遭劫难，1969年学校南迁，植物园逐渐荒芜。1979年全园被夷为平地，建成中国科学院半导体研究所。

1969年，北京林学院被迫迁往云南，分散在滇南、滇东、滇西、滇北几十个林场，后向丽江大研镇集中，又辗转大理下关，最终于1973年3月迁至昆明市安宁县楸木园原中国科学院植物研究所战备所址办学。楸木园地处一高山坳，是个小坝子，相传其地原为邱、穆、阎三姓的三家村，谐音故名，实无楸木。在楸木园的7年间，师生员工为改善教学和生活条件而奔走，修建房屋和运动场，让校园有所改观。

1979年返京复校后，百废待兴，全校师生员工团结一致，克服重重困难，进行复校与发展振兴，先后收回了校舍、西山教学实验林场、苗圃及体育运动场等，新建大量临时板房，充实教职工队伍，添置设备仪器，整治实习圃场，促进教学科研工作的开展。但被占的260亩植物园至今尚未收回。

1985年"北京林学院"更名为"北京林业大学"。

1993年主楼建成。

1997年被正式列入国家"211工程"首批重点建设的大学。

2002-2004年新教学楼、新宿舍楼、新图书馆相继建成。

2011年标本馆建成。今已更名为"北京林业大学博物馆"。

2013年学研中心建成。

如今漫步北林，林木葱翠，四季芳菲。遮天蔽日的大树是前辈留下的宝贵遗产，400多种植物分布于校园的各个角落，也让北林成为了名副其实的小植物园。走进北林，你会发现绿色之美、科技之趣、人文之韵。这所中国最高绿色学府，经过六十余年的辛勤耕耘与探索，将继续书写"知山知水，树木树人"的传奇。

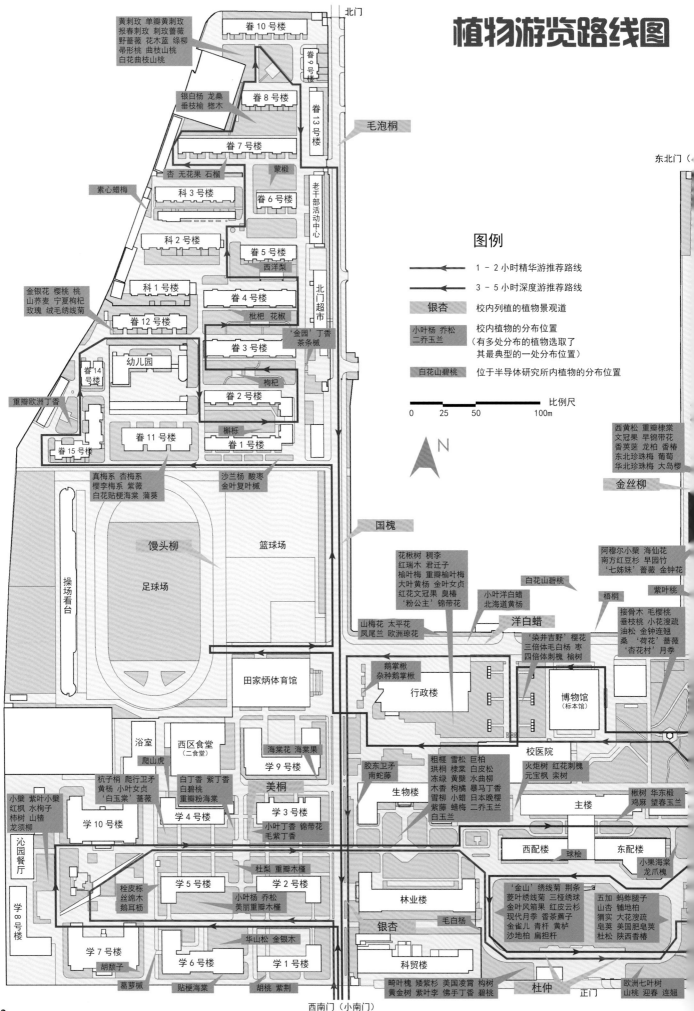

植物游览路线图

图例

1-2小时精华游推荐路线

3-5小时深度游推荐路线

银杏 校内列植的植物景观道

小叶杨 乔松
二乔玉兰 校内植物的分布位置
（有多处分布的植物选取了其最典型的一处分布位置）

白花山碧桃 位于半导体研究所内植物的分布位置

比例尺
0 25 50 100m

N

北门

毛泡桐

东北门

黄刺玫 单瓣黄刺玫
报春刺玫 刺玫蔷薇
野蔷薇 花木蓝 绿柳
帚形桃 曲枝山桃
白花曲枝山桃

眷10号楼

眷9号楼

眷8号楼

眷13号楼

银白杨 龙桑
垂枝榆 楤木

眷7号楼

蒙椴

素心蜡梅

杏 无花果 石榴

科3号楼

眷6号楼

老干部活动中心

科2号楼

眷5号楼

西洋梨

北门超市

金银花 樱桃 桃
山荞麦 宁夏枸杞
玫瑰 绒毛绣线菊

科1号楼

眷4号楼

枇杷 花椒

眷12号楼

'金园'丁香
茶条槭

眷3号楼

幼儿园

枸杞

眷14号楼

眷2号楼

重瓣欧洲丁香

榆栎

眷11号楼

眷1号楼

眷15号楼

真梅系 杏梅系
樱李梅系 紫薇
白花贴梗海棠 蒲葵

沙兰杨 酸枣
金叶复叶槭

馒头柳

篮球场

操场看台

足球场

国槐

花楸树 稠李
红瑞木 君迁子
榆叶梅 重瓣榆叶梅
大叶黄杨 金叶女贞
红花文冠果 臭椿
'粉公主'锦带花

西黄松 重瓣棣棠
文冠果 早锦带花
香英迷 龙柏 香椿
东北珍珠梅 葡萄
华北珍珠梅 大岛樱

金丝柳

阿穆尔小檗 海仙花
南方红豆杉 早园竹
'七姊妹'蔷薇 金钟花

小叶洋白蜡
北海道黄杨

白花山碧桃

梧桐

紫叶桃

山梅花 太平花
凤尾兰 欧洲琼花

洋白蜡

接骨木 毛樱桃
垂枝桃 小花溲疏
油松 金钟连翘
桑 '荷花'蔷薇
'杏花村'月季

鹅掌楸
杂种鹅掌楸

行政楼

'染井吉野'樱花
三倍体毛白杨 枣
四倍体刺槐 榆树

博物馆
（标本馆）

田家炳体育馆

浴室

爬山虎

西区食堂
（二食堂）

海棠花 海棠果

学9号楼

校医院

胶东卫矛
南蛇藤

生物楼

粗榧 雪松 巨柏
琪桐 楝棠 白皮松
冻绿 黄檗 水曲柳
木香 枸橘 暴马丁香
雪柳 小蜡 日本晚樱
紫藤 蜡梅 二乔玉兰
白玉兰

火炬树 红花刺槐
元宝枫 栾树

主楼

楸树 华东椴
鸡麻 望春玉

杭子梢 爬行卫矛
黄杨 小叶女贞
'白玉棠'蔷薇

白丁香 紫丁香
白碧桃
重瓣粉海棠

美桐

学3号楼

小叶丁香 锦带花
毛紫丁香

学4号楼

西配楼

球棚

东配楼

小果海棠
龙爪槐

小檗 紫叶小檗
红枫 水枸子
柿树 山楂
龙须柳

学10号楼

杜梨 重瓣木槿

林业楼

'金山'绣线菊 荆条
菱叶绣线菊 三桠绣球
金叶风箱果 红皮云杉
现代月季 香茶藨子
金雀儿 青杆 黄栌
沙地柏 扁担杆

五加 蚂蚱腿子
山杏 铺地柏
猬实 大花溲疏
皂荚 美国肥皂荚
杜松 陕西香椿

沁园餐厅

栓皮栎
丝绵木
鹅耳枥

学5号楼

学2号楼

小叶杨 乔松
美丽重瓣木槿

银杏

毛白杨

学8号楼

华山松 金银木

学7号楼

学6号楼

学1号楼

胡颓子

科贸楼

杜仲

正门

畸叶槐 矮紫杉 美国凌霄 构树
黄金树 紫叶李 佛手丁香 碧桃

欧洲七叶树
山桃 迎春 连翘

葛萝槭

贴梗海棠

胡桃 紫荆

西南门（小南门）

2

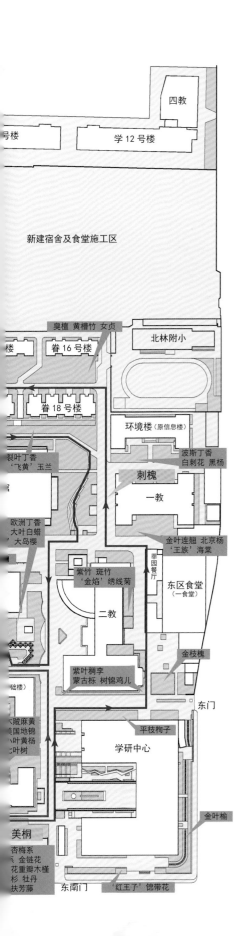

手册使用说明

1. 图册中建筑和主路位置参照测绘图绘制，误差约 0-1 米。景观道路和植物位置均依据实地目测，误差约 1-3 米。为了图面效果将原测绘图纸顺时针旋转了约 2 度，以更接近正交的状态。故本图册切勿作为测绘依据。

2. 图册中详图比例尺均为 1：300，仅操场一图比例尺为 1：800。树木冠幅和地被面积与实际情况基本吻合，稍有误差。

3. 使用前请仔细阅读封二的图例。根据植物的数量和分布，将稀有植物分为两个等级：用红色五角星标注的树种表示仅 1 处分布，或总数 ≤ 3 株，极其珍贵；用蓝色三角形标注的树种表示仅 2-5 处分布，或总数 ≤ 10 株，非常珍贵；其余树种有 5 处以上的分布。请大家着重保护珍稀树种，避免它们毁于自然灾害和改建施工。用问号标注的树种表示编者对其分类尚存疑问，详细情况参见 106 页"存疑详情"，问号后的数字对应存疑详情中的序号。

4. 目前只完整统计了木本植物的信息，草本植物变化较大，尚未完整收录，拟在今后的版本中逐步完善。

5. 植物名录的排序参照《园林树木 1600 种》中的排序。分类依据以克朗奎斯特系统为主，恩格勒系统为辅。植物分类参考了书籍《园林树木 1600 种》、《园林树木学》、校内资料《北京林业大学木本植物志》，汪远同学的调查资料，"中国植物志"网站及其他网络资料，另有多位师生的鉴定。部分拉丁学名已按照 Flora of China（《中国植物志》英文修订版，简称 FOC）进行修改，《中国植物志》等曾用拉丁学名注为异名。

6. 首次实地绘图的时间为 2012 年 7 - 8 月，最后一次实地复查的时间为 2015 年 9 月，故图册中的植物分布以 2015 年 9 月的情况为准。在这几年中校园植物变化较大，有 7 种植物消失了，在图中以黑线不填色表示，希望大家铭记它们。其他已消失的植株已直接从图纸上删去。

7. 植物照片拍摄于 2012 - 2015 年。每种植物都拍摄了一张植株全景及几张细部照片，图片将继续完善。由于篇幅有限，树种详细介绍请查阅《园林树木 1600 种》、《园林树木学》、"中国植物志"网站、"中国自然标本馆 CFH"网站、"Flora of China"网站等。

8. 由于每年的天气变化，不同年份的花期误差能达到 10-20 天。在我们所观察的这几年里，2012、2013 年的花期较适中，2014 年的花期提前了约半个月。故 83 页"花期表"中花期主要参照 2012、2013 年的情况。由于观测的不完整性，部分时间节点存在误差，希望大家共同补充和完善。

9. 由于北林植物园已毁，目前校内植物分布尤为分散，植物游览可参考左图中的游览路线，详图的排列顺序亦大致依照此游览路线排列。每一张详图上下左右的紫色小箭头内的数字为所接区域的详图页码。

10. 校园中各建筑物名称、校门名称与校园内地图中的名称相统一，曾用名和俗称标注在括号内。

11. 全校现存乔木约 4000 株，灌木约 3000 株，地被状灌木另计。挂牌古树名木 8 株，为油松、白皮松、圆柏。木本植物约 260 种，草本植物另计，其中一部分植物为北林独有。它们都是建校 63 年来几代师生的心血。我们用 3 年多的时间汇成这本《北京林业大学校园植物导览手册》，希望它既可以成为学生的参考资料，又可以作为一份校园变迁的历史记录。我们将会继续修订，调整疏漏，不断更新。请关注我们的

新浪微博 @雲七書坊

微信公众平台"云七书坊"（微信号 y7sf77）

Email：y7sf@sina.com

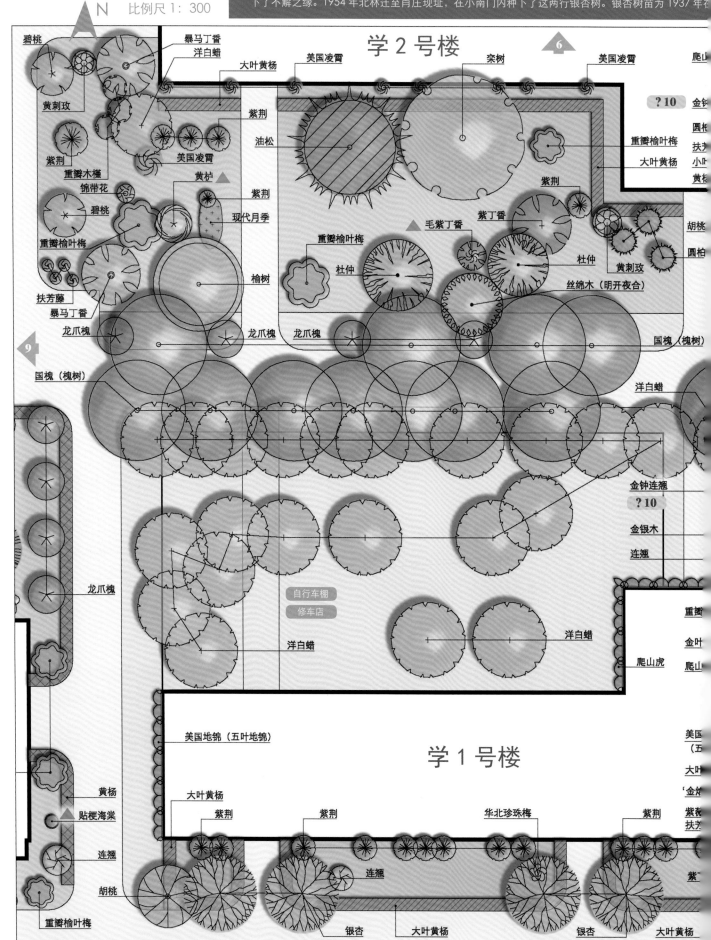

1952 年，教育部、林业部着手筹建北京林学院（1985 年更名为北京林业大学），选定西山大觉寺为临时校址。大觉寺内有一株千年古银杏，为北京地区年岁最长的银杏。由此，北京林业大学便与银杏结下了不解之缘。1954 年北林迁至肖庄现址，在小南门内种下了这两行银杏树。银杏树苗为 1937 年在

学 2 号楼

6

碧桃
黄刺玫
紫荆
重瓣木槿
锦带花
碧桃
重瓣榆叶梅
扶芳藤
暴马丁香
龙爪槐
国槐（槐树）

暴马丁香
洋白蜡
美国凌霄
黄栌

大叶黄杨
紫荆
油松
紫荆
现代月季
榆树
龙爪槐

美国凌霄
重瓣榆叶梅
杜仲

美国凌霄
栾树

毛紫丁香
紫丁香
紫荆
杜仲
丝绵木（明开夜合）
国槐（槐树）

? 10 金钟
圆柏
重瓣榆叶梅
大叶黄杨
胡桃
圆柏
黄刺玫
扶芳
小叶
黄

龙爪槐
龙爪槐

洋白蜡

龙爪槐

金钟连翘
? 10
金银木
连翘

自行车棚
修车店

洋白蜡

洋白蜡

重瓣
金叶
爬山虎
爬山

黄杨
贴梗海棠

连翘

美国地锦（五叶地锦）
大叶黄杨
紫荆

学 1 号楼

紫荆
华北珍珠梅

紫荆

美国
（五
大叶
'金烁
紫薇
扶芳

连翘

胡桃
重瓣榆叶梅

银杏
大叶黄杨
银杏
大叶黄杨
紫

9

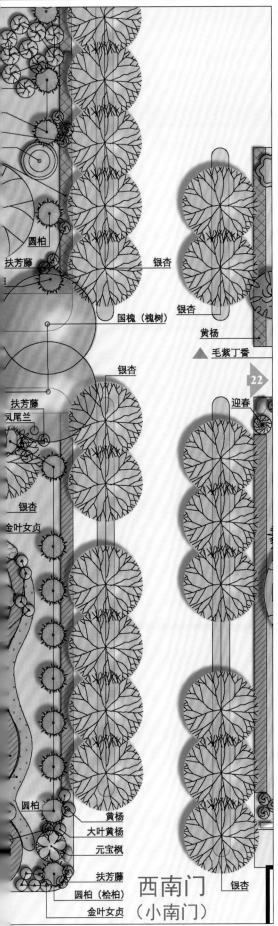

圆柏

扶芳藤

银杏

国槐（槐树）

银杏

黄杨

▲ 毛紫丁香

扶芳藤
凤尾兰

22

银杏

迎春

扶芳藤

银杏

金叶女贞

圆柏

黄杨
大叶黄杨
元宝枫

扶芳藤
圆柏（桧柏）
金叶女贞

银杏

西南门
（小南门）

银杏（白果） 1 （此数字为植物名录中序号）
银杏科 银杏属 *Ginkgo biloba*
分布：P4、5、7、17、24、30、34、36 等

胡桃（核桃） 38
胡桃科 胡桃属 *Juglans regia*
分布：P4、5、12、57、71、74 等

紫荆 111
豆科 / 云实科（苏木科） 紫荆属 *Cercis chinensis*
分布：P4、11、38、52、58 等

毛紫丁香（紫萼丁香） ▲ 169b
木犀科 丁香属 *Syringa oblata* var. *giraldii*
分布：P4、7、16、22、67

美国凌霄 187
紫葳科 凌霄属 *Campsis radicans*
分布：P4、6、28、44、76 等

5

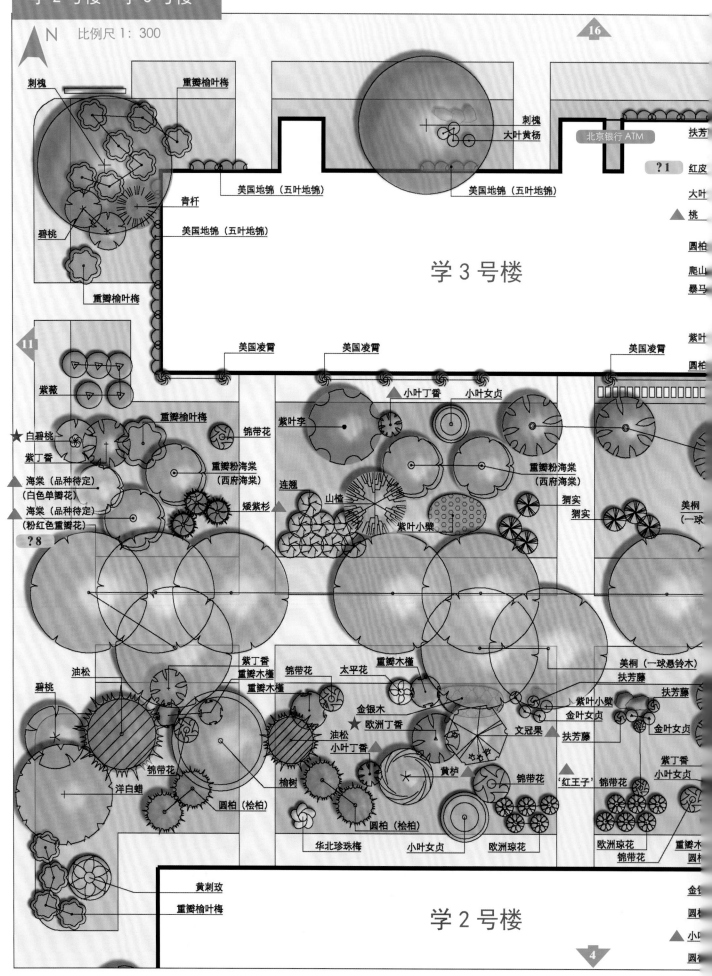

N 比例尺1：300

16

刺槐

重瓣榆叶梅

刺槐
大叶黄杨

北京银行 ATM

扶芳

?1 红皮

美国地锦（五叶地锦）

美国地锦（五叶地锦）

青杆

大叶

桃

碧桃

美国地锦（五叶地锦）

学3号楼

圆柏

爬山

暴马

重瓣榆叶梅

紫叶

11

美国凌霄

美国凌霄

美国凌霄

圆柏

紫薇

小叶丁香

小叶女贞

重瓣榆叶梅

锦带花

紫叶李

白碧桃

紫丁香

重瓣粉海棠
（西府海棠）

重瓣粉海棠
（西府海棠）

海棠（品种待定）
（白色单瓣花）

连翘

矮紫杉

山楂

猬实

美桐
（一球

海棠（品种待定）
（粉红色重瓣花）

紫叶小檗

猬实

?8

油松

紫丁香
重瓣木槿

锦带花

太平花

重瓣木槿

美桐（一球悬铃木）

扶芳藤

碧桃

重瓣木槿

金银木

紫叶小檗
金叶女贞

扶芳藤

锦带花

油松
小叶丁香

欧洲丁香

文冠果

扶芳藤

金叶女贞

榆树

黄栌

紫丁香
小叶女贞

圆柏（桧柏）

'红王子' 锦带花

洋白蜡

华北珍珠梅

小叶女贞

欧洲琼花

欧洲琼花
锦带花

重瓣木
圆柏

黄刺玫

重瓣榆叶梅

金

圆柏

学2号楼

小叶

4

圆柏

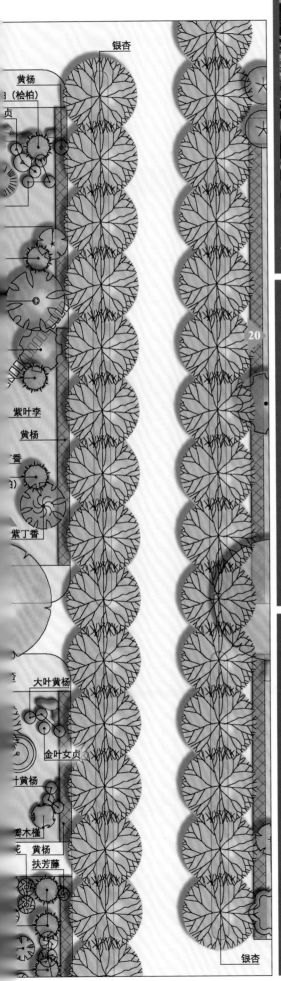

银杏

黄杨
（桧柏）
贞

紫叶李
黄杨
香
紫丁香

大叶黄杨

金叶女贞
十黄杨

紫木槿
花 黄杨
扶芳藤

银杏

20

小叶丁香（四季丁香）▲ 173a
木犀科 丁香属
Syringa pubescens subsp. *microphylla*
分布：P7、26、72（待定）

欧洲丁香 ▲ 170
木犀科 丁香属 *Syringa vulgaris*
分布：P6、40

黄栌（红叶）▲ 150
漆树科 黄栌属
Cotinus coggygria var. *cinerea*
分布：P4、6、28、30

白碧桃 ✱ 89b
蔷薇科 桃属 *Amygdalus persica* 'Albo-plena'
分布：P6（学2号楼-学3号楼）

暴马丁香（暴马子、西海菩提） 174a
木犀科 丁香属
Syringa reticulata subsp. *amurensis*
分布：P6、21、32、41、57等

文冠果 ▲ 142
无患子科 文冠果属 *Xanthoceras sorbifolium*
分布：P6、39、59

金叶女贞 167
木犀科 女贞属 *Ligustrum × vicaryi*
分布：P5、18、21、22、35、41等

N　比例尺1：300

学5号楼

10

红花刺槐 ▲

美国凌霄　　大叶黄杨　　小叶

葛萝械 ▲

快递自动收件箱

▲ 毛白杨

美国地锦（五叶地锦）

北京杨

国槐（槐树）

二乔玉兰
（品种待定）

? 2

乔松 ★

鹅耳枥 ★

? 12

红皮云杉
白皮松
大叶黄杨

肯杆

油松

快递自动收件箱

? 2

'飞黄' 玉兰 ★

★ 小叶杨

'飞黄' 玉兰 ★

刺槐

葛萝械 ▲

13

华北珍珠梅　　　　黄杨　　　华北珍珠梅

龙爪槐

大叶黄杨

▲ 贴梗海棠

白皮松

金银木
华北珍珠梅

金银木

华北珍珠

学6号楼

? 10

连翘

▲ 贴梗海棠

重瓣榆叶梅
大叶黄杨

大叶黄杨

白玉兰

美国肥皂荚 ▲

重瓣榆叶梅
圆柏（桧柏）

白玉兰

大叶黄杨

大叶黄杨

重瓣榆叶梅

14

大叶黄杨

重瓣榆叶梅

葛萝械 ▲

早园竹　　圆柏（桧柏）　　　连翘　　　　元宝枫　　▲ 贴梗海棠　　连翘　　圆柏（桧柏）

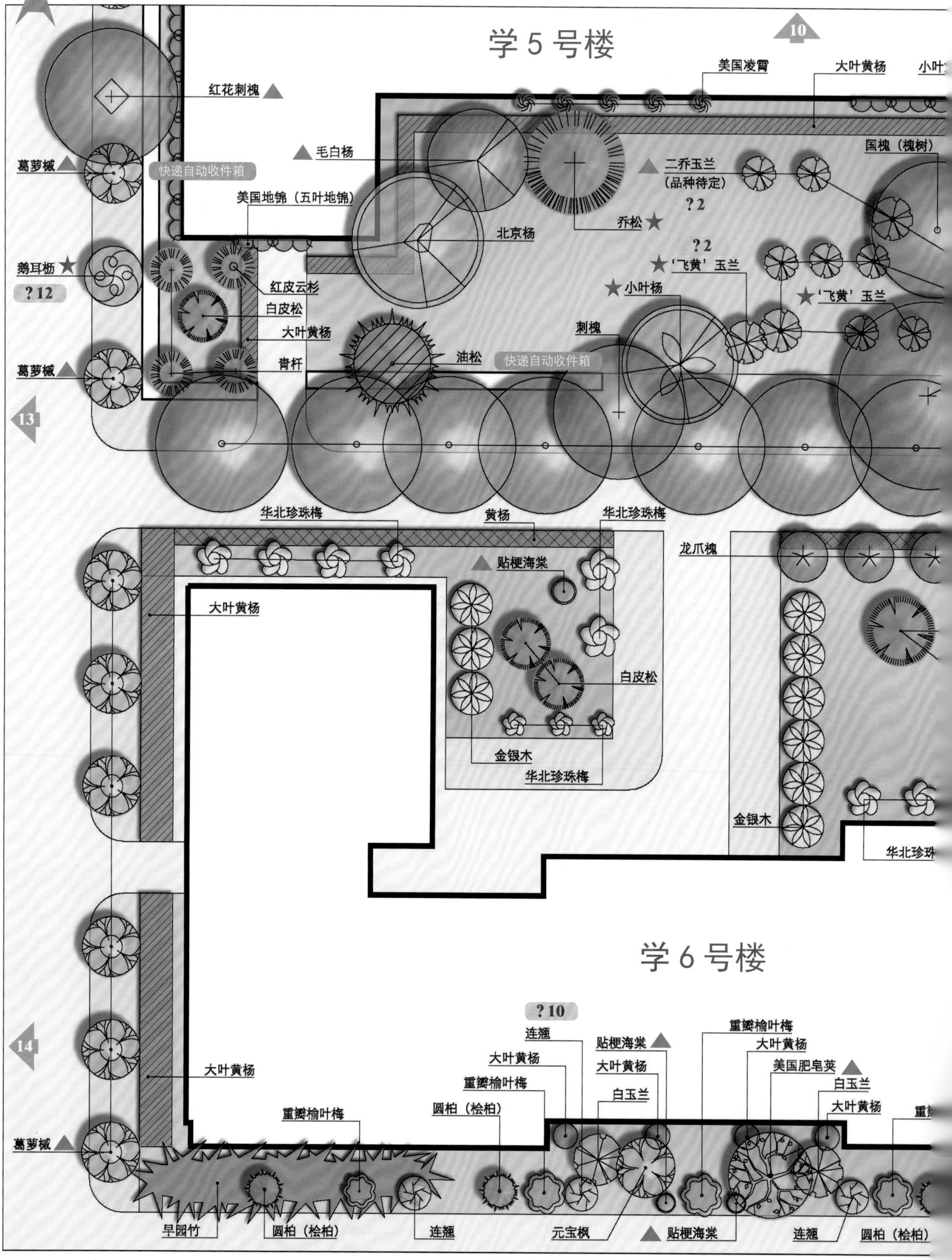

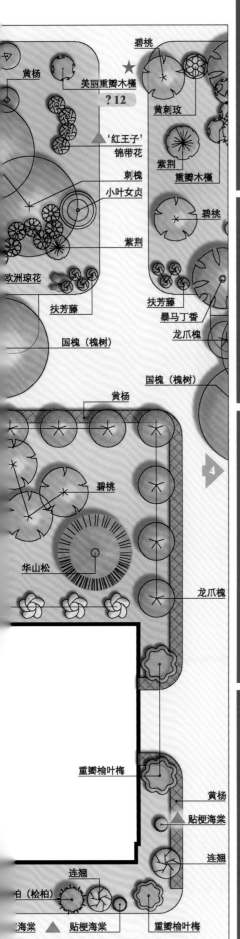

碧桃

黄杨

美丽重瓣木槿
? 12

'红王子'
锦带花

刺槐

小叶女贞

紫荆

欧洲琼花

扶芳藤

国槐（槐树）

国槐（槐树）

黄杨

碧桃

华山松

黄刺玫

紫荆

重瓣木槿

碧桃

紫荆

扶芳藤

暴马丁香

龙爪槐

4

龙爪槐

重瓣榆叶梅

黄杨

贴梗海棠

连翘

连翘

柏（桧柏）

海棠　▲　贴梗海棠

重瓣榆叶梅

鹅耳枥 ★ 44　? 12

桦木科 鹅耳枥属 *Carpinus turczaninowii*
分布：P8（学5号楼西南）

小叶杨（南京白杨）★ 55

杨柳科 杨属 *Populus simonii*
分布：P8（学5号楼-学6号楼）

红皮云杉 2　? 1

松科 云杉属 *Picea koraiensis*
分布：P8、28、30、33、58等

青杆（青扦） 4

松科 云杉属 *Picea wilsonii*
分布：P6、8、28、30、76等

乔松 ★ 10

松科 松属 *Pinus wallichiana*
分布：P8（学5号楼南）、57（环境楼南）

贴梗海棠 ▲ 104

蔷薇科 木瓜属 *Chaenomeles speciosa*
分布：P8、29、58、67

二乔玉兰（朱砂玉兰）▲ 24（各品种尚未细分）

木兰科 玉兰属 *Yulania × soulangeana*　? 2
分布：P8、20、35、59、75

葛萝槭 ▲ 147a

槭树科 槭树属 *Acer davidii* subsp. *grosseri*
分布：P8、10（学4、5、6号楼西）

9

N 比例尺1：300

15

金银木

爬山虎

刺槐

超市
水果店

校园卡充值处

学4号楼

银杏

大叶黄杨

葛萝槭 ▲

14

圆柏（桧柏）　　　太平花（京山梅花）　　圆柏（桧柏）

小叶女贞

元宝枫

山楂

'白玉棠'
蔷薇 ★

小叶女贞

重瓣榆叶梅

★ 杭子梢

油松

扶芳藤

栾树

刺槐

▲ 爬行卫矛

黄杨（瓜子黄杨）

重瓣榆叶梅

美桐（一球悬铃木）

锦带花

圆柏（桧柏）

山桃

紫丁香

小叶女贞

碧桃

紫丁香

国槐（槐树）

报刊亭

刺槐

重瓣木槿

13

圆柏
（桧柏）

丝绵木（明开夜合）

华北珍珠梅

栓皮栎 ★

快递自动收件箱

华北珍珠梅

华北珍珠梅

刺槐

葛萝槭 ▲

美国地锦（五叶地锦）

学5号楼

美国地锦（五

8

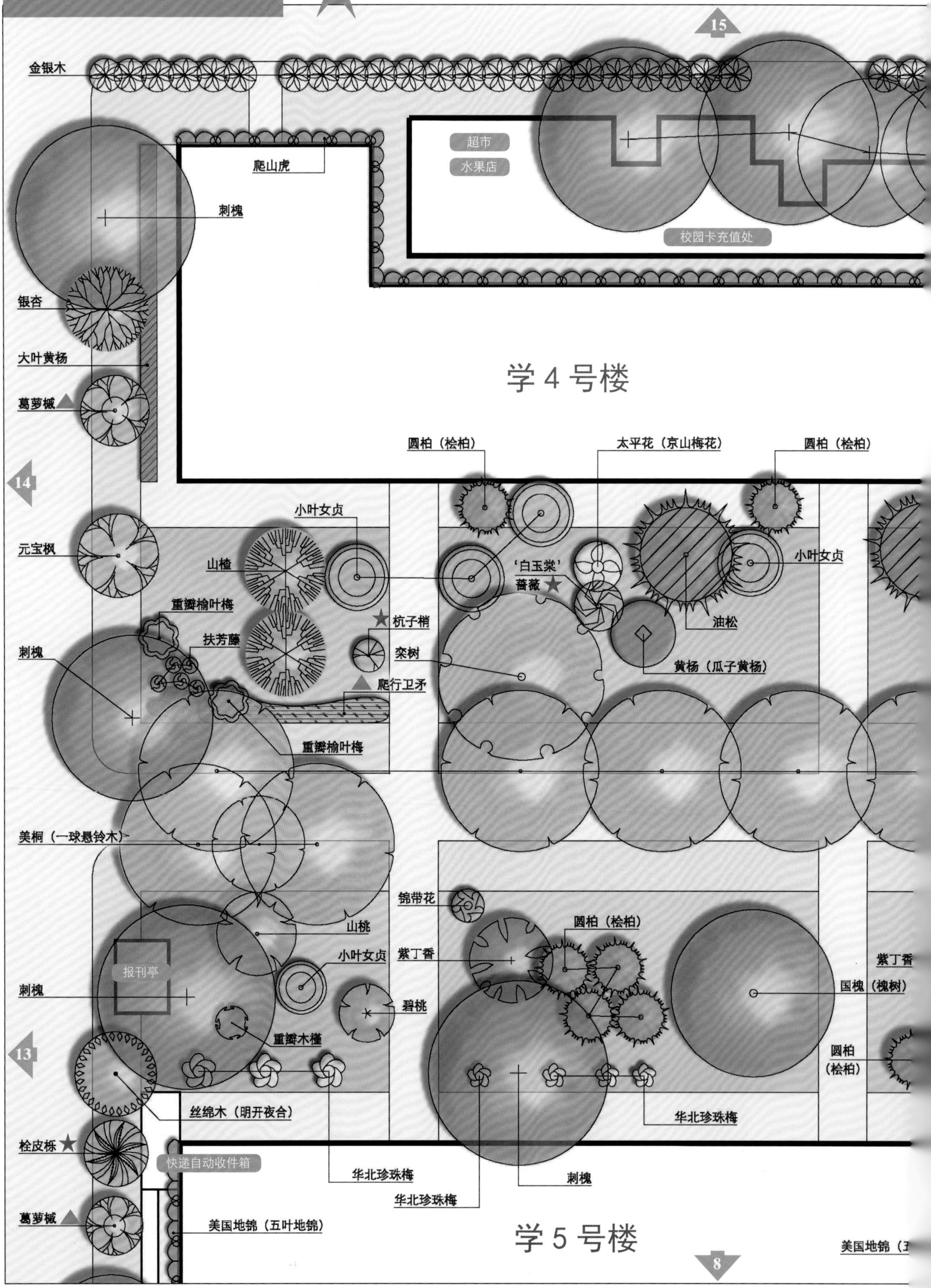

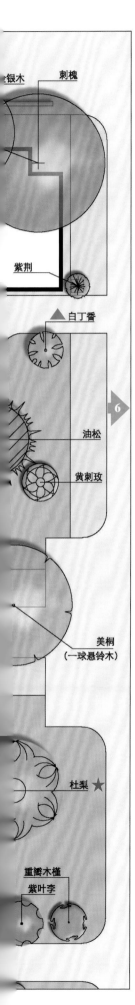

银木　　刺槐

紫荆

▲ 白丁香

6

油松

黄刺玫

美桐
（一球悬铃木）

杜梨 ★

重瓣木槿
紫叶李

紫丁香（丁香、华北紫丁香）　169
木犀科　丁香属　*Syringa oblata*
分布：P4、6、10、16、60、79 等

白丁香 ▲　169a
木犀科　丁香属　*Syringa oblata* 'Alba'
分布：P11（学 4 号楼东南）、72（眷 3 号楼 - 眷 4 号楼）

小叶女贞　166
木犀科　女贞属　*Ligustrum quihoui*
分布：P7、10、59、68、69 等

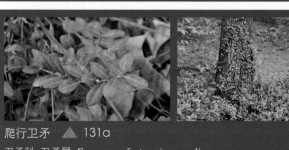

爬行卫矛 ▲　131a
卫矛科　卫矛属　*Euonymus fortunei* var. *radicans*
分布：P10、22、28、30、31

杜梨　　110
蔷薇科　梨属　*Pyrus betulifolia*
分布：P11（学 4 号楼 - 学 5 号楼）

杭子梢　　121
豆科 / 蝶形花科　杭子梢属
Campylotropis macrocarpa
分布：P10（学 4 号楼 - 学 5 号楼）

黄杨（瓜子黄杨）　134
黄杨科　黄杨属　*Buxus sinica*
分布：P10、21、34、47、49、57 等

栓皮栎 ★　40
壳斗科　栎属　*Quercus variabilis*
分布：P10、28、60

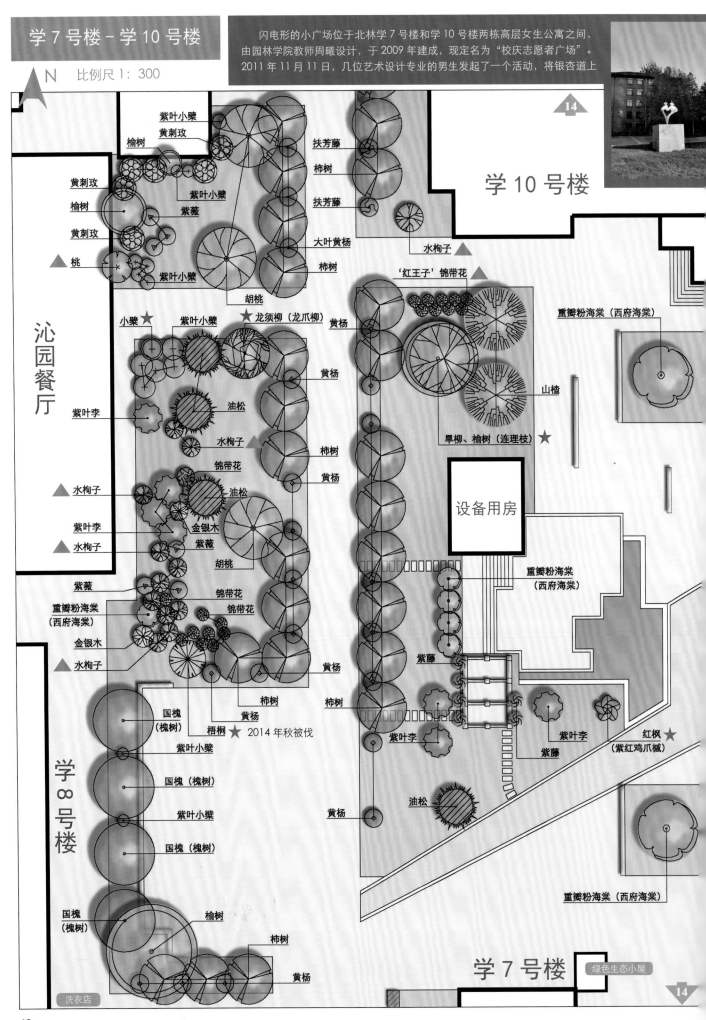

闪电形的小广场位于北林学 7 号楼和学 10 号楼两栋高层女生公寓之间，由园林学院教师周曦设计，于 2009 年建成，现定名为 "校庆志愿者广场"。2011 年 11 月 11 日，几位艺术设计专业的男生发起了一个活动，将银杏道上

14

学 10 号楼

紫叶小檗
黄刺玫
榆树

黄刺玫
榆树
黄刺玫
桃

紫叶小檗
紫薇

紫叶小檗

扶芳藤
柿树
扶芳藤

大叶黄杨
柿树
水枸子

胡桃

'红王子' 锦带花

沁园餐厅

小檗 ★
紫叶李

紫叶小檗
龙须柳（龙爪柳）
黄杨
黄杨
油松
水枸子
锦带花
柿树
黄杨
油松
金银木
紫薇
胡桃
锦带花
锦带花

黄杨

山楂

重瓣粉海棠（西府海棠）

旱柳、榆树（连理枝）★

设备用房

重瓣粉海棠（西府海棠）

水枸子
紫叶李
水枸子

紫薇
重瓣粉海棠
（西府海棠）
金银木
水枸子

紫藤

柿树
黄杨

柿树
黄杨

学 8 号楼

国槐
（槐树）
紫叶小檗
国槐（槐树）
紫叶小檗
国槐（槐树）

梧桐 ★ 2014 年秋被伐

紫叶李
紫藤

油松
黄杨

紫叶李
红枫 ★
（紫红鸡爪槭）

国槐
（槐树）
榆树

柿树
黄杨

学 7 号楼

绿色生态小屋

14

洗衣店

12

的落叶洒在这条闪电形的路上，在这个世纪光棍节，一条金色闪电横空出世，给了全校女生一个大大的惊喜。（详见 2011 年 11 月 11 日各媒体报道。）2012 年 11 月，这几位同学继续发起以"银杏道"为名的活动。

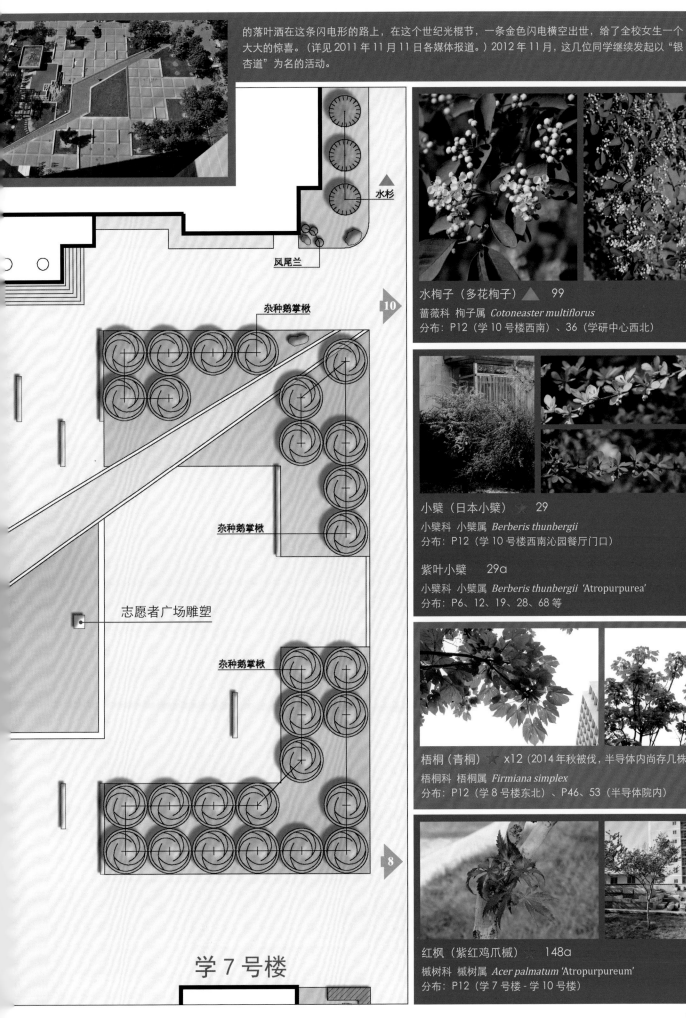

水杉

凤尾兰

杂种鹅掌楸

▶ 10

杂种鹅掌楸

志愿者广场雕塑

杂种鹅掌楸

杂种鹅掌楸

▶ 8

学 7 号楼

水枸子（多花枸子） ▲ 99

蔷薇科 枸子属 *Cotoneaster multiflorus*
分布：P12（学 10 号楼西南）、36（学研中心西北）

小檗（日本小檗） ★ 29

小檗科 小檗属 *Berberis thunbergii*
分布：P12（学 10 号楼西南沁园餐厅门口）

紫叶小檗 29a

小檗科 小檗属 *Berberis thunbergii* 'Atropurpurea'
分布：P6、12、19、28、68 等

梧桐（青桐） ★ x12（2014 年秋被伐，半导体内尚存几株）

梧桐科 梧桐属 *Firmiana simplex*
分布：P12（学 8 号楼东北）、P46、53（半导体院内）

红枫（紫红鸡爪槭） 148a

槭树科 槭树属 *Acer palmatum* 'Atropurpureum'
分布：P12（学 7 号楼 - 学 10 号楼）

N　比例尺 1：300

榆树

大叶黄杨

柿树

柿树

学 10 号楼

12

学 7 号楼南

龙须柳（龙爪柳） ★　57a
杨柳科 柳属
Salix matsudana 'Tortuosa'
分布：P12（学 10 号楼西南）
（2013 年冬移栽至此）

连理枝（一半为榆树、一半为旱柳）
二者主干自基部相连，上部枝条分开。
分布：P12（学 10 号楼西南）
（2013 年冬从原一食堂西移栽至此）

胡颓子　123
胡颓子科 胡颓子属 *Elaeagnus pungens*
分布：P15（学 7 号楼东南）

N　比例尺 1：300　　学 7 号楼

白皮松　　★

白皮松

元宝枫　　大叶黄杨　　黄槽竹

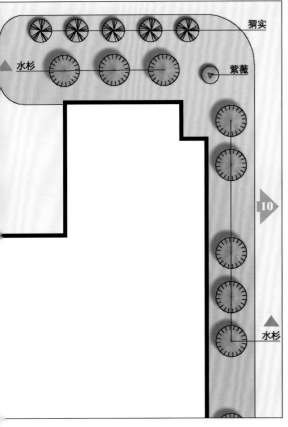

猬实

水杉 ▲

紫薇

▲ 10

▲ 水杉

水杉 ▲ 11

杉科 水杉属 *Metasequoia glyptostroboides*
分布：P13、15、32、71、79

白皮松 7

松科 松属 *Pinus bungeana*
分布：P14、20、35、39、48 等

猬实（蝟实） 188

忍冬科 猬实属 *Kolkwitzia amabilis*
分布：P6、15、28、30、37、72 等

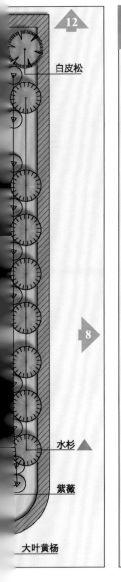

12

白皮松

N

比例尺
1：300

64

榆树

8

水杉 ▲

紫薇

金银木

金钟连翘

大叶黄杨

二食堂南

柿树 60
柿树科 柿树属
Diospyros kaki
分布：P12、14、48、58、
　　　68、79 等

西区食堂
（二食堂）

地下一层：雅园餐厅
一层：二食堂
二层：三食堂
三层西侧：清真食堂
三层东侧：呱呱小吃城

照相馆

复印店

大叶黄杨

大叶黄杨

▲ 10

16

沙地柏（叉子圆柏）　16
柏科 刺柏属 *Juniperus sabina*
分布：P16、19、24、29、30、
　　　52 等

田家炳体育馆　65

64

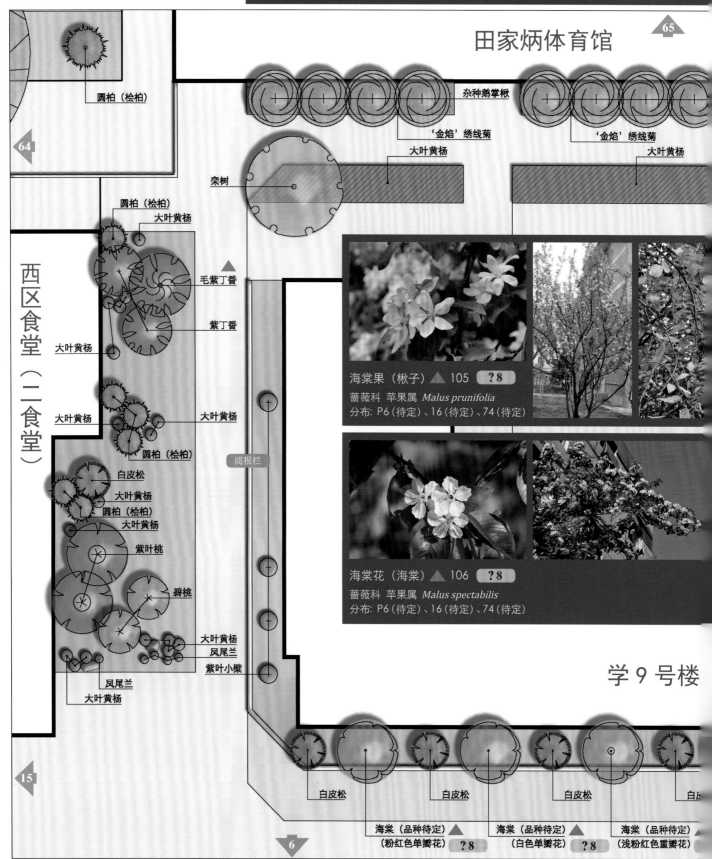

圆柏（桧柏）

杂种鹅掌楸

'金焰'绣线菊

'金焰'绣线菊

大叶黄杨

大叶黄杨

栾树

圆柏（桧柏）
大叶黄杨

毛紫丁香

紫丁香

海棠果（楸子）　105　？8
蔷薇科 苹果属 *Malus prunifolia*
分布：P6（待定）、16（待定）、74（待定）

大叶黄杨

大叶黄杨

大叶黄杨

圆柏（桧柏）

阅报栏

西区食堂（二食堂）

白皮松
大叶黄杨
圆柏（桧柏）
大叶黄杨

紫叶桃

碧桃

海棠花（海棠）　106　？8
蔷薇科 苹果属 *Malus spectabilis*
分布：P6（待定）、16（待定）、74（待定）

大叶黄杨
凤尾兰
紫叶小檗

凤尾兰
大叶黄杨

学 9 号楼

15

白皮松　白皮松　白皮松　白皮

6

海棠（品种待定）
（粉红色单瓣花）　？8

海棠（品种待定）
（白色单瓣花）　？8

海棠（品种待定）
（浅粉红色重瓣花）

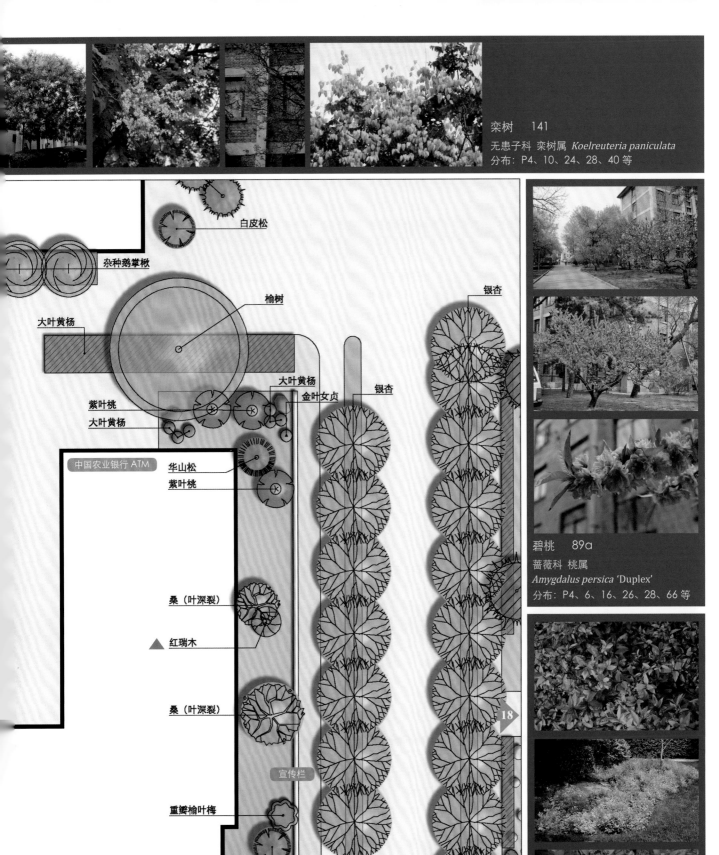

栾树　141
无患子科 栾树属 *Koelreuteria paniculata*
分布：P4、10、24、28、40 等

白皮松

杂种鹅掌楸

榆树

大叶黄杨

大叶黄杨

紫叶桃

大叶黄杨

金叶女贞

银杏

银杏

中国农业银行 ATM

华山松

紫叶桃

桑（叶深裂）

▲ 红瑞木

桑（叶深裂）

宣传栏

重瓣榆叶梅

白皮松

白皮松　　　　白皮松

品种待定 ▲　海棠（品种待定）▲　海棠（品种待定）▲
色重瓣花　?8　（白色单瓣花）　?8　（粉红色重瓣花）　?8

18

碧桃　89a
蔷薇科 桃属
Amygdalus persica 'Duplex'
分布：P4、6、16、26、28、66 等

'金焰'绣线菊　70b
蔷薇科 绣线菊属
Spiraea × bumalda 'Gold Flame'
分布：P5、16、36、42、54 等

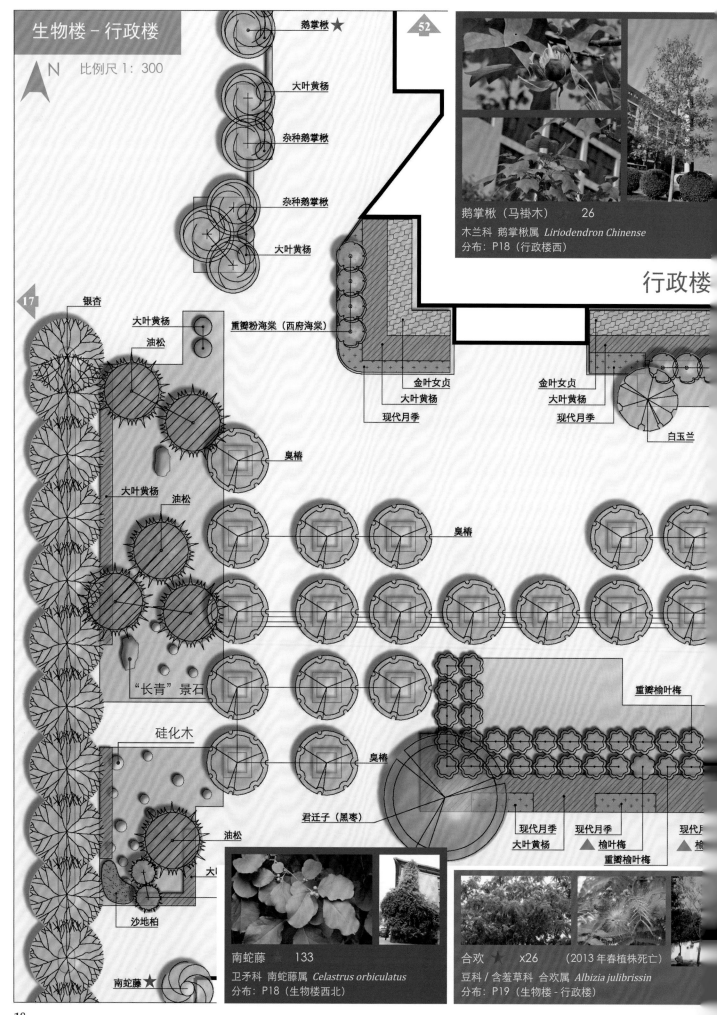

生物楼 - 行政楼

N 比例尺1: 300

52

17

鹅掌楸 ★

大叶黄杨

杂种鹅掌楸

杂种鹅掌楸

大叶黄杨

鹅掌楸（马褂木）　　26
木兰科 鹅掌楸属 *Liriodendron Chinense*
分布：P18（行政楼西）

行政楼

银杏

大叶黄杨
油松

大叶黄杨

油松

"长青"景石

硅化木

油松

沙地柏

大叶黄杨

重瓣粉海棠（西府海棠）

臭椿

臭椿

臭椿

君迁子（黑枣）

金叶女贞
大叶黄杨
现代月季

金叶女贞
大叶黄杨
现代月季

白玉兰

重瓣榆叶梅

现代月季　现代月季　　现代月
大叶黄杨　▲ 榆叶梅　　▲ 榆
重瓣榆叶梅

南蛇藤　　133
卫矛科 南蛇藤属 *Celastrus orbiculatus*
分布：P18（生物楼西北）

南蛇藤 ★

合欢 ★ x26　　（2013年春植株死亡）
豆科 / 含羞草科 合欢属 *Albizia julibrissin*
分布：P19（生物楼 - 行政楼）

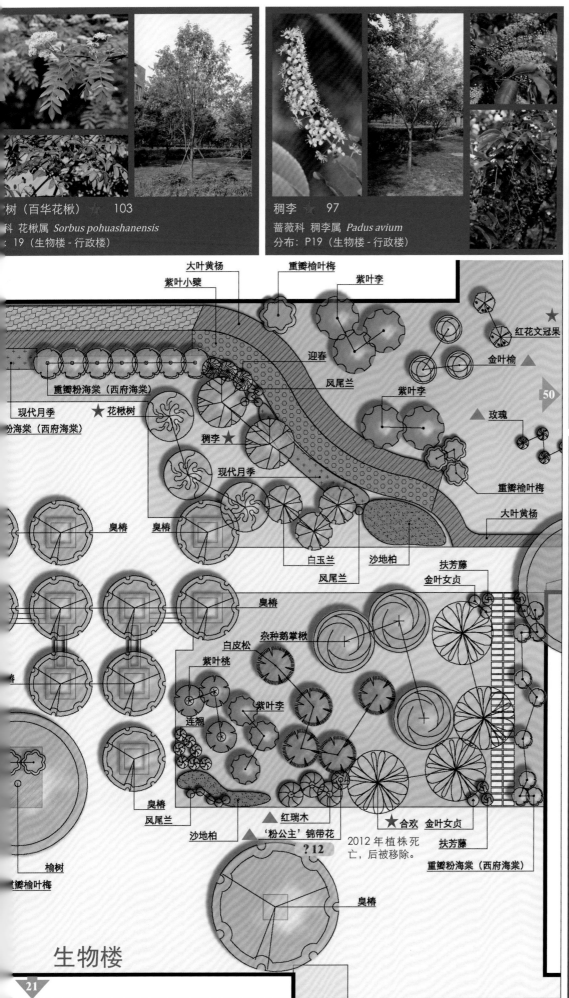

大叶黄杨
紫叶小檗
重瓣榆叶梅
紫叶李
红花文冠果 ★
迎春
金叶榆 ▲
凤尾兰
紫叶李
玫瑰 ▲
重瓣粉海棠（西府海棠）
现代月季
花楸树 ★
稠李 ★
现代月季
粉海棠（西府海棠）
臭椿
臭椿
白玉兰
沙地柏
凤尾兰
重瓣榆叶梅
大叶黄杨
扶芳藤
金叶女贞
臭椿
杂种鹅掌楸
白皮松
紫叶桃
连翘
紫叶李
臭椿
凤尾兰
沙地柏
红瑞木 ▲
'粉公主'锦带花 ▲
?12
合欢 ★ 金叶女贞
扶芳藤
2012 年植株死亡，后被移除。
重瓣粉海棠（西府海棠）
榆树
重瓣榆叶梅
臭椿

50

生物楼

21

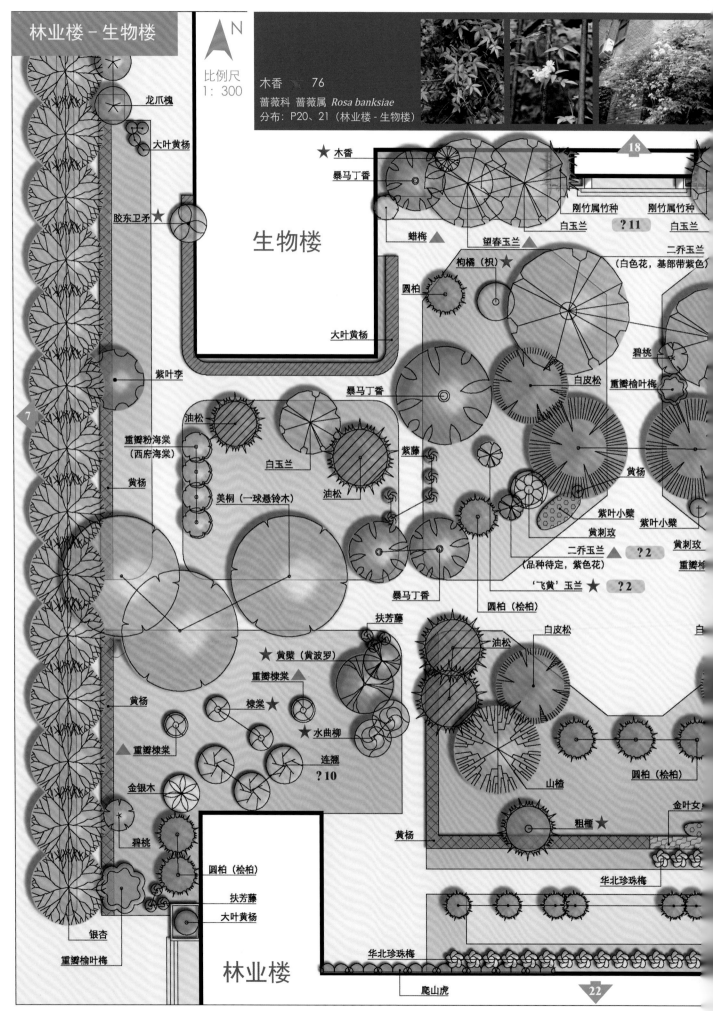

N
比例尺
1：300

木香 ✦ 76
蔷薇科 蔷薇属 *Rosa banksiae*
分布：P20、21（林业楼 - 生物楼）

★ 木香

暴马丁香

生物楼

胶东卫矛 ★

大叶黄杨

龙爪槐

★ 蜡梅 ▲

望春玉兰 ▲

枸橘（枳）★

圆柏

大叶黄杨

紫叶李

暴马丁香

油松

重瓣粉海棠
（西府海棠）

白玉兰

黄杨

油松

美桐（一球悬铃木）

紫藤

18

刚竹属竹种   刚竹属竹种
白玉兰   ? 11   白玉兰

二乔玉兰
（白色花，基部带紫色）

碧桃

白皮松   重瓣榆叶梅

黄杨

紫叶小檗   紫叶小檗

黄刺玫   黄刺玫

二乔玉兰   ? 2   重瓣榆
（品种待定，紫色花）

'飞黄' 玉兰 ★ ? 2

圆柏（桧柏）

扶芳藤

油松   白皮松   白

★ 黄檗（黄波罗）

重瓣棣棠 ▲

黄杨

重瓣棣棠 ▲

金银木

碧桃

圆柏（桧柏）

扶芳藤

大叶黄杨

银杏

重瓣榆叶梅

棣棠 ★

★ 水曲柳

连翘
? 10

山楂

黄杨

圆柏（桧柏）

粗榧 ★

金叶女

华北珍珠梅

林业楼

华北珍珠梅

爬山虎

22

（中国鸽子树） 126（仅存萌蘖苗）
科 珙桐属 *Davidia involucrata*
：P21（林业楼 - 生物楼）

小蜡 ★ 165（原株已毁，现仅存萌蘖苗）
木犀科 女贞属 *Ligustrum sinense*
分布：P21（林业楼 - 生物楼）

粗榧 19
三尖杉科 三尖杉属 *Cephalotaxus sinensis*
分布：P20（林业楼 - 生物楼）

雪柳 179a
木犀科 雪柳属
Fontanesia philliraeoides subsp. *fortunei*
分布：P21（林业楼 - 生物楼）

枸橘（枳） 154
芸香科 柑橘属 *Citrus trifoliata*
分布：P20（林业楼 - 生物楼）

黄檗（黄波罗） ★ 155
芸香科 黄檗属 *Phellodendron amurense*
分布：P20（林业楼 - 生物楼）

水曲柳 ★ 181
木犀科 白蜡属 *Fraxinus mandshurica*
分布：P20（林业楼 - 生物楼）

冻绿 ★ 137
鼠李科 鼠李属
Rhamnus utilis
分布：P21（生物楼东南）

仅存萌蘖苗。
小蜡 ★
木香 ★
龙桑 ▲
雪柳 ★
望春玉兰 ▲
圆柏
葡萄
大叶黄杨
珙桐 ★ 仅存萌蘖苗。
巨柏
白皮松

二乔玉兰 ▲ ?2
（品种待定，紫色花）
白花曲枝山桃 ▲ ▲ 七叶树

海棠（品种待定）（花瓣退化）
紫藤
油松
圆柏
紫薇
油松
'美人'梅（樱李梅系）▲
暴马丁香
★ 冻绿
山桃
美桐（一球悬铃木）
油松
油松
山楂
日本晚樱 ▲
叶小檗
白皮松
现代月季
日本晚樱 ▲
黄杨
暴马丁香
圆柏（桧柏）
东北珍珠梅 ▲
大叶黄杨
现代月季
林业楼

24
28
28

21

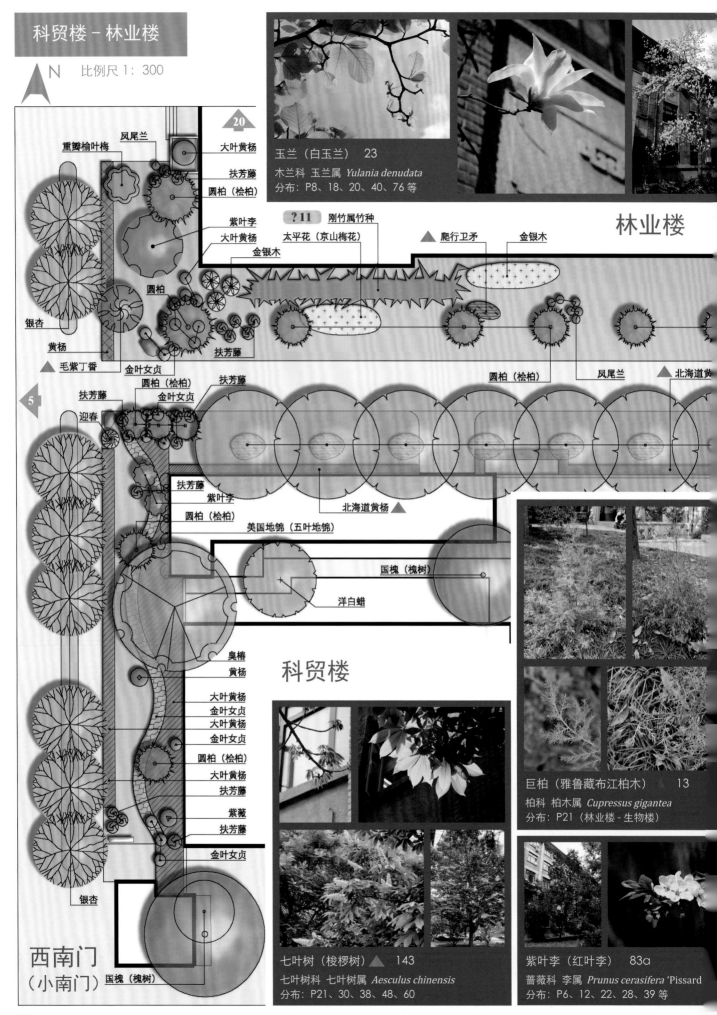

科贸楼－林业楼

N 比例尺 1：300

20

重瓣榆叶梅　凤尾兰
大叶黄杨
扶芳藤
圆柏（桧柏）
紫叶李
大叶黄杨
金银木
圆柏
银杏
黄杨
毛紫丁香　金叶女贞
扶芳藤
圆柏（桧柏）　扶芳藤
金叶女贞
迎春
扶芳藤
紫叶李
圆柏（桧柏）
美国地锦（五叶地锦）
国槐（槐树）
洋白蜡
北海道黄杨
臭椿
黄杨
大叶黄杨
金叶女贞
大叶黄杨
金叶女贞
圆柏（桧柏）
大叶黄杨
扶芳藤
紫薇
扶芳藤
金叶女贞
银杏

5

? 11　刚竹属竹种
太平花（京山梅花）
金银木
爬行卫矛　金银木

林业楼

圆柏（桧柏）　凤尾兰　北海道黄

科贸楼

西南门
（小南门）　国槐（槐树）

玉兰（白玉兰）　23
木兰科 玉兰属 *Yulania denudata*
分布：P8、18、20、40、76 等

巨柏（雅鲁藏布江柏木）　13
柏科 柏木属 *Cupressus gigantea*
分布：P21（林业楼 - 生物楼）

七叶树（梭椤树）　143
七叶树科 七叶树属 *Aesculus chinensis*
分布：P21、30、38、48、60

紫叶李（红叶李）　83a
蔷薇科 李属 *Prunus cerasifera* 'Pissard'
分布：P6、12、22、28、39 等

22

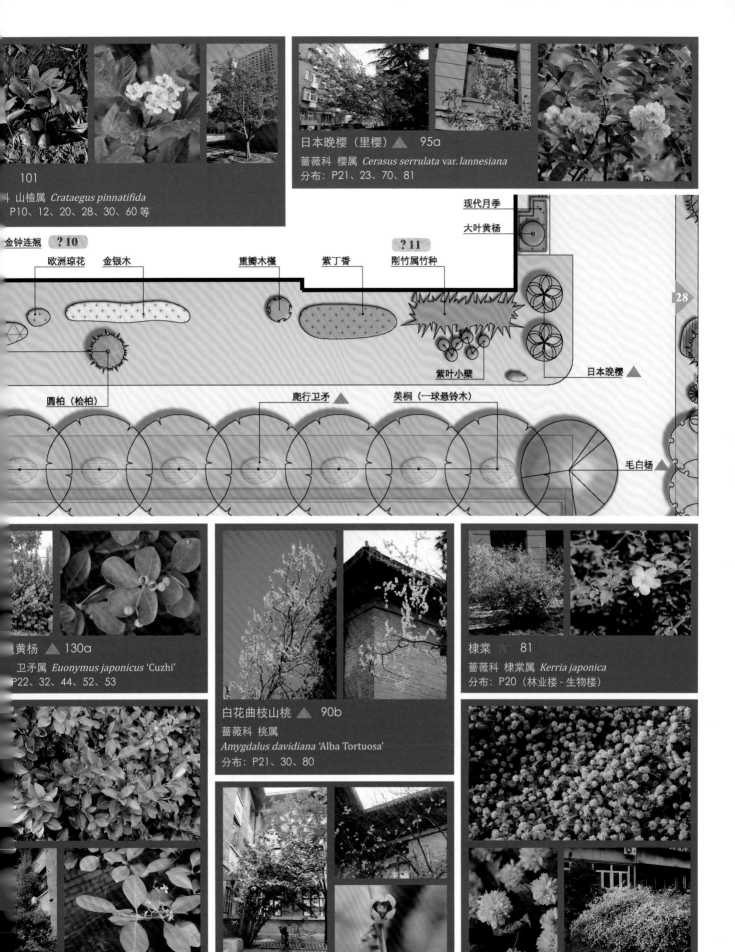

101
斗 山楂属 *Crataegus pinnatifida*
P10、12、20、28、30、60 等

日本晚樱（里樱） ▲ 95a
蔷薇科 樱属 *Cerasus serrulata* var. *lannesiana*
分布：P21、23、70、81

金钟连翘 **? 10**

欧洲琼花　金银木　　　　重瓣木槿　　紫丁香　刚竹属竹种　　　**? 11**

现代月季
大叶黄杨

28

圆柏（桧柏）　　　　　　爬行卫矛 ▲　　美桐（一球悬铃木）　　紫叶小檗

日本晚樱 ▲

毛白杨 ▲

黄杨 ▲ 130a
卫矛属 *Euonymus japonicus* 'Cuzhi'
P22、32、44、52、53

白花曲枝山桃 ▲ 90b
蔷薇科 桃属
Amygdalus davidiana 'Alba Tortuosa'
分布：P21、30、80

棣棠 ★ 81
蔷薇科 棣棠属 *Kerria japonica*
分布：P20（林业楼 - 生物楼）

矛（胶州卫矛）　★　132
卫矛属 *Euonymus kiautschovicus*
20（生物楼西）

蜡梅（腊梅） ▲ 28
蜡梅科 蜡梅属 *Chimonanthus praecox*
分布：P20、69、72、81

重瓣棣棠 ▲ 81a
蔷薇科 棣棠属 *Kerria japonica* 'Pleniflora'
分布：P20（林业楼 - 生物楼）、58

山桃　90
蔷薇科 桃属 *Amygdalus davidiana*
分布：P21、25、30、47、60 等

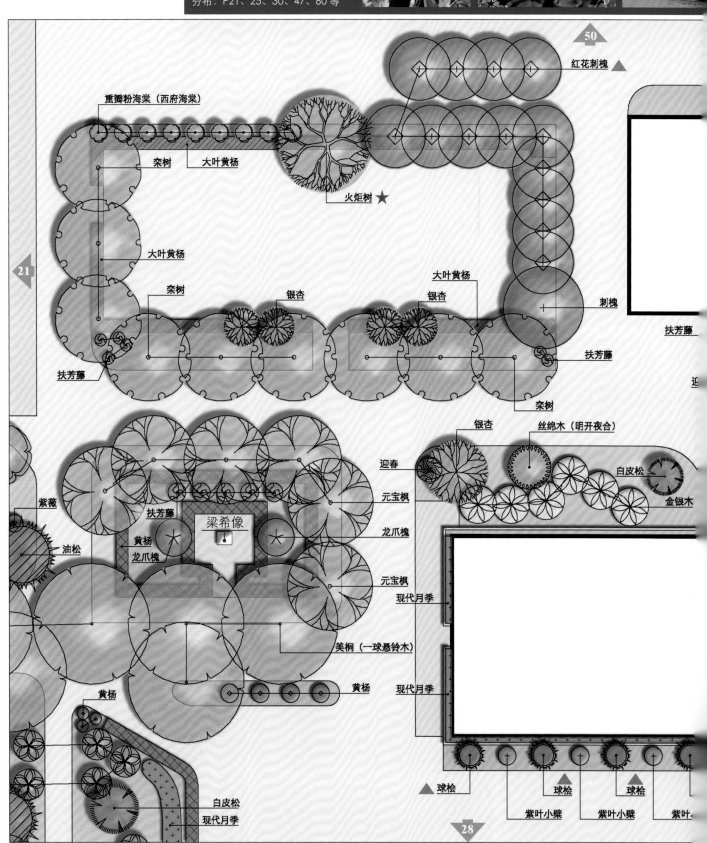

50

红花刺槐 ▲

重瓣粉海棠（西府海棠）

栾树　　大叶黄杨

火炬树 ★

大叶黄杨

栾树　　　　银杏　　　　大叶黄杨　　银杏

扶芳藤

刺槐

扶芳藤

扶芳藤

栾树

银杏　　丝绵木（明开夜合）

迎春　　　　　　　　白皮松

元宝枫　　　　　　金银木

紫薇

扶芳藤
黄杨
油松　　龙爪槐

梁希像

龙爪槐

元宝枫

现代月季

美桐（一球悬铃木）

黄杨　　　　　黄杨

现代月季

白皮松

现代月季

球桧 ▲　　　球桧　　　球桧

紫叶小檗　　紫叶小檗　　紫叶

扶芳藤

对（鹿角漆） ★ 151

科 盐肤木属 *Rhus typhina*
P24（主楼西）、32（森工楼南学子情）

梁希像位于主楼和生物楼之间。生物楼为我校1954年迁址肖庄后建成的第一栋教学楼。梁希（1883-1958）是我国著名林学家、林业教育家和社会活动家，晚年被任命为中央人民政府林垦部（后改为林业部）部长。梁希写下的诗文中，有许多为林业界工作的人们传诵为佳句，如"我在旧中国教了30年的书，培养了那么多的学生，想改变中国林业面貌，想让中国的黄河流碧水，赤地变青山。""无山不绿、有水皆清、四时花香、万壑鸟鸣，替河山妆成锦绣，把国土绘成丹青，新中国的林人，同时也是新中国的艺人。"

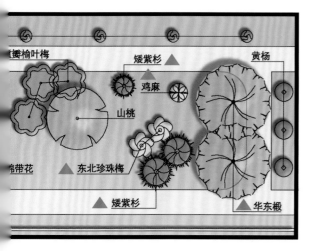

主楼

26

西配楼

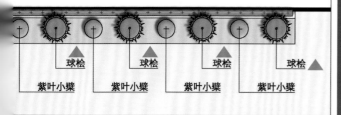

丝绵木（明开夜合、白杜） 129
卫矛科 卫矛属 *Euonymus maackii*
分布：P10、24、36、40、57等

锦带花 189
忍冬科 锦带花属 *Weigela florida*
分布：P6、10、25、32、67等

'粉公主'锦带花（深粉锦带花） ▲ 189b 【? 12】
忍冬科 锦带花属 *Weigela florida* 'Pink Princess'
分布：P19（生物楼-行政楼）、32（森工楼南）、40（基础楼-实验楼）

红花刺槐 ▲ 116a
豆科／蝶形花科 刺槐属 *Robinia pseudoacacia* 'Decaisneana'
分布：P8（学5号楼西）、24（主楼西）

矮紫杉（伽罗木） ▲ 20a
红豆杉科 红豆杉属 *Taxus cuspidata* 'Nana'
分布：P6、25、26、28、72

主楼 – 东配楼

‘金山’绣线菊（金叶粉花绣线菊）　▲　70a

蔷薇科　绣线菊属　*Spiraea* × *bumalda* 'Gold Mound'

分布：P28、30、39

金银木（金银忍冬）　195

忍冬科　忍冬属　*Lonicera maackii*

分布：P8、24、26、30、58 等

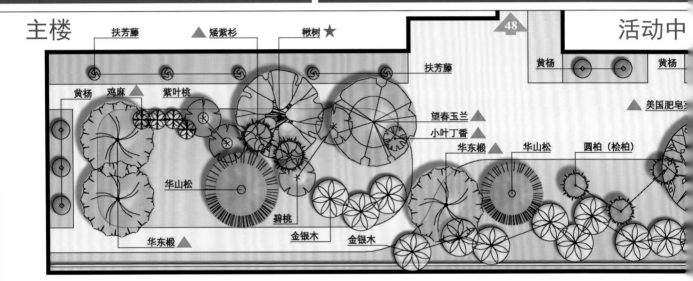

主楼　扶芳藤　▲ 矮紫杉　楸树 ★　48　活动中

扶芳藤

黄杨　鸡麻 ▲　紫叶桃

黄杨　望春玉兰 ▲　美国肥皂？

小叶丁香 ▲

华东椴 ▲　华山松　圆柏（桧柏）

华山松

碧桃

华东椴 ▲　金银木　金银木

大叫

　　北京林业大学主楼建成于 1993 年。主楼前的草坪绿地同期建成，为校园内植物最密集的区域。主楼草坪前矗立着一块泰山石，为 50 周年校庆时校友捐赠，景石上的自然纹样形似汉字"林"字。

25

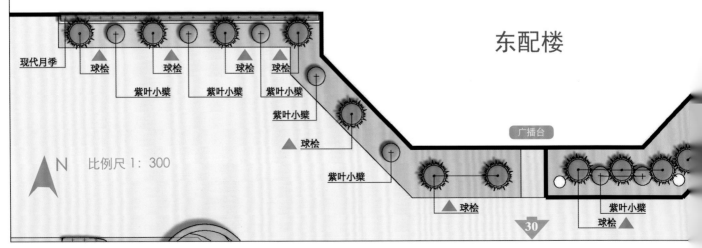

东配楼

现代月季　▲ 球桧　　球桧　　球桧　　球桧

紫叶小檗　紫叶小檗　紫叶小檗

紫叶小檗

▲ 球桧

广播台

紫叶小檗

▲ N　比例尺 1：300

紫叶小檗

▲ 球桧　30　紫叶小檗

球桧

★ 185

斗 梓树属 *Catalpa bungei*
P26（主楼 - 东配楼）

华东椴 ▲ 48

椴树科 椴树属 *Tilia japonica*
分布：P25、26、30、58、66、72

鸡麻 ▲ 82

蔷薇科 鸡麻属 *Rhodotypos scandens*
分布：P25、26、59、70、76

美国肥皂荚 ▲ 113

豆科 / 云实科（苏木科） 肥皂荚属 *Gymnocladus dioicus*
分布：P8、26、31、68、76

华山松 9

松科 松属 *Pinus armandii*
分布：P9、26、36、48、58、79 等

球桧（球柏） ▲ 14b

柏科 刺柏属 *Juniperus chinensis* 'Globosa'
分布：P25（西配楼南）、26（东配楼南）

望春玉兰（望春花） ▲ 25

木兰科 玉兰属 *Yulania biondii*
分布：P20、26、48、62

38

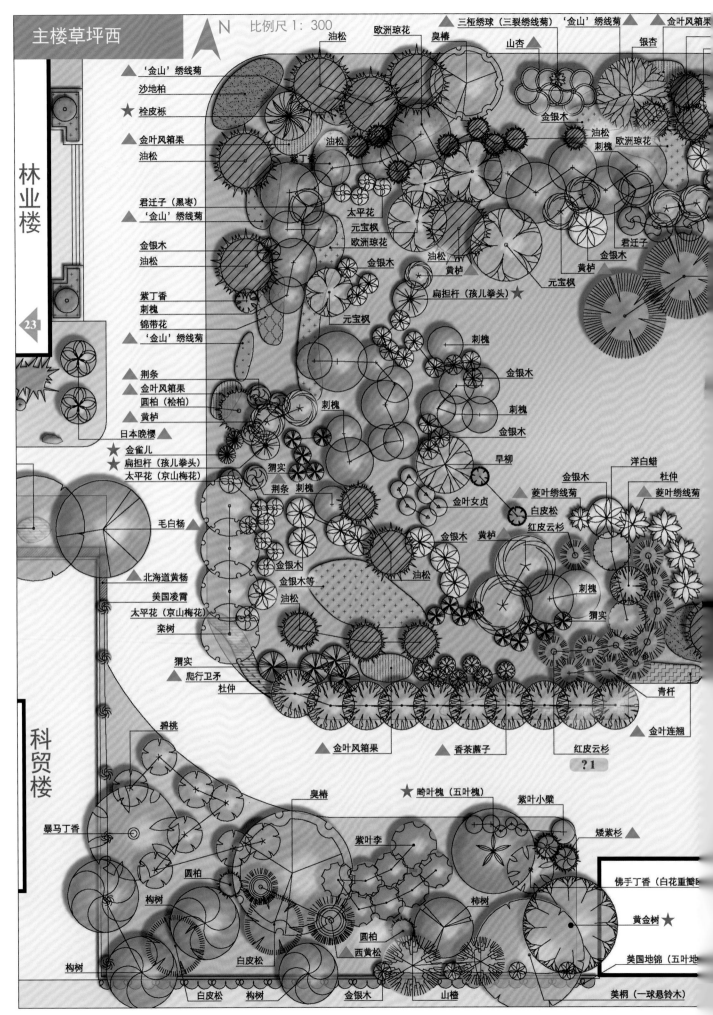

林业楼

科贸楼

比例尺1: 300

'金山'绣线菊
沙地柏
栓皮栎
金叶风箱果
油松

君迁子（黑枣）
'金山'绣线菊
金银木
油松

紫丁香
刺槐
锦带花
'金山'绣线菊

荆条
金叶风箱果
圆柏（桧柏）
黄栌
日本晚樱
金雀儿
扁担杆（孩儿拳头）
太平花（京山梅花）

毛白杨

北海道黄杨
美国凌霄
太平花（京山梅花）
栾树
猬实
爬行卫矛
杜仲

碧桃

暴马丁香

圆柏
构树

三桠绣球（三裂绣线菊）   '金山'绣线菊   金叶风箱果
油松   欧洲琼花   臭椿   山杏   银杏
金银木
油松   欧洲琼花
刺槐
太平花
元宝枫
欧洲琼花
金银木   君迁子
油松   黄栌   金银木
元宝枫   黄栌
扁担杆（孩儿拳头）   元宝枫
刺槐
金银木
刺槐
金银木
旱柳   洋白蜡
金银木   杜仲
菱叶绣线菊   菱叶绣线菊
金叶女贞   白皮松
金银木   黄栌   红皮云杉
油松   刺槐
猬实
青杆
金叶连翘

荆条   刺槐
猬实
金银木
金银木等
油松

金叶风箱果   香茶藨子   红皮云杉
?1

臭椿   ★畸叶槐（五叶槐）   紫叶小檗
紫叶李   矮紫杉
佛手丁香（白花重瓣欧？
柿树
黄金树★
圆柏
西黄松
美国地锦（五叶地？
构树   白皮松   构树   金银木   山楂   美桐（一球悬铃木）

23

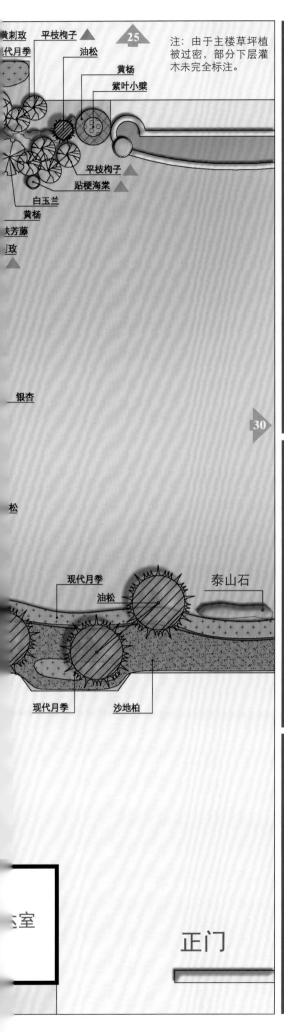

黄刺玫
平枝栒子 ▲
代月季
油松
黄杨
紫叶小檗

平枝栒子 ▲
贴梗海棠 ▲
白玉兰
黄杨
夫芳藤
玫 ▲

银杏

松

现代月季
油松
泰山石

现代月季
沙地柏

25

注：由于主楼草坪植被过密，部分下层灌木未完全标注。

30

室

正门

金雀儿 118

豆科 / 蝶形花科 锦鸡儿属
Caragana rosea
分布：P28（主楼草坪西）

荆条 ▲ 162a

马鞭草科 牡荆属
Vitex negundo var. *heterophylla*
分布：P28、30（主楼草坪西、东）

黄金树 ★ 186

紫葳科 梓树属 *Catalpa speciosa*
分布：P28、30、71

扁担杆（孩儿拳头） ★ 49

椴树科 扁担杆属 *Grewia biloba*
分布：P28、30（主楼草坪西、东树丛内）

香茶藨子（黄丁香、黄花茶藨子） ▲ 66

茶藨子科 茶藨子属 *Ribes odoratum*
分布：P28、30、70（卷14号楼西）

佛手丁香（白花重瓣欧洲丁香） ★ 170b

木犀科 丁香属 *Syringa vulgaris* 'Albo-plena'
分布：P28（正门西）、41（二教西）

金叶风箱果 ▲ 71

蔷薇科 风箱果属
Physocarpus opulifolius 'Luteus'
分布：P28、30（主楼草坪西北、西南、东北）

菱叶绣线菊（杂种绣线菊） ▲ 68

蔷薇科 绣线菊属 *Spiraea* × *vanhouttei*
分布：P28、31（主楼草坪西、东树丛内）

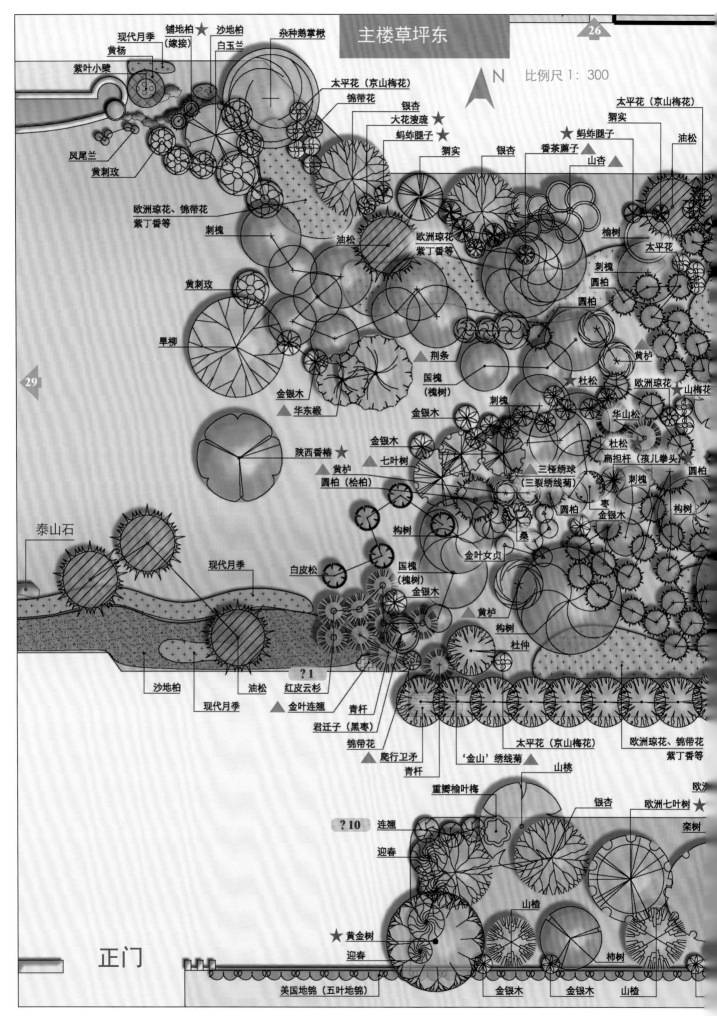

现代月季
黄杨
紫叶小檗
铺地柏（嫁接）★
沙地柏
白玉兰
杂种鹅掌楸
凤尾兰
黄刺玫
太平花（京山梅花）
锦带花
银杏
大花溲疏 ★
蚂蚱腿子 ★
猬实
银杏
香茶藨子 ▲
蚂蚱腿子 ★
山杏 ▲
太平花（京山梅花）
猬实
油松

欧洲琼花、锦带花
紫丁香等
刺槐
油松
欧洲琼花
紫丁香等
榆树
太平花
刺槐
圆柏
圆柏
黄栌

黄刺玫
旱柳
荆条 ▲
国槐（槐树）
刺槐
杜松
欧洲琼花
山梅花 ★
华山松
杜松

金银木
华东椴 ▲
金银木
金银木
扁担杆（孩儿拳头）
刺槐
圆柏

陕西香椿 ★
黄栌 ▲
七叶树 ▲
圆柏（桧柏）
三桠绣球（三裂绣线菊）
圆柏
枣
金银木
构树
桑
金叶女贞

泰山石
白皮松
国槐（槐树）
金银木
黄栌 ▲
构树
杜仲

29

沙地柏
油松
红皮云杉
现代月季
金叶连翘 ▲
青杆
君迁子（黑枣）
锦带花
爬行卫矛 ▲
青杆
现代月季
? 1
太平花（京山梅花）
'金山'绣线菊 ▲
山桃
欧洲琼花、锦带花
紫丁香等

重瓣榆叶梅
银杏
欧洲七叶树 ★
欧洲
栾树

? 10
连翘
迎春

山楂

★ 黄金树
迎春
山楂
柿树

美国地锦（五叶地锦）
金银木
金银木
山楂

注：由于主楼草坪植被过密，
部分下层灌木未完全标注。

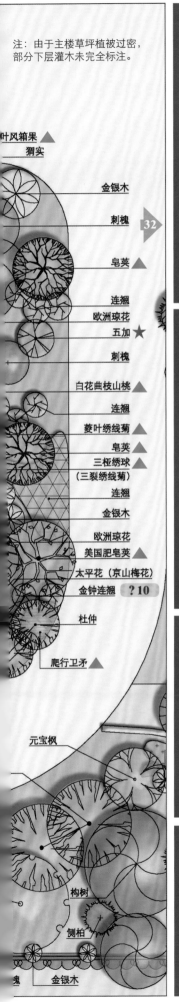

叶风箱果 ▲
猬实
金银木
刺槐 32
皂荚 ▲
连翘
欧洲琼花
五加 ★
刺槐
白花曲枝山桃 ▲
连翘
菱叶绣线菊 ▲
皂荚 ▲
三桠绣球 ▲
（三裂绣线菊）
连翘
金银木
欧洲琼花
美国肥皂荚 ▲
太平花（京山梅花）
金钟连翘 ?10
杜仲
爬行卫矛 ▲

元宝枫

构树

侧柏

槐 金银木

欧洲七叶树 ★　144

七叶树科 七叶树属 *Aesculus hippocastanum*
分布：P30（正门东）、60（眷16号楼 - 眷18号楼）

山杏 ▲　85　　?5

蔷薇科 杏属 *Armeniaca sibirica*
分布：P28、30、67（待定）、73（待定）、79（待定）

五加（细柱五加） ★　158

五加科 五加属 *Eleutherococcus nodiflorus*
分布：P31（主楼草坪东）

三桠绣球（三裂绣线菊） ▲　67

蔷薇科 绣线菊属 *Spiraea trilobata*
分布：P28、31、47

蚂蚱腿子 ★　197

菊科 蚂蚱腿子属 *Myripnois dioica*
分布：P30（主楼草坪东北）

杜松 ★　18

柏科 刺柏属 *Juniperus rigida*
分布：P30（主楼草坪东树丛内）

大花溲疏 ★　64

绣球科 溲疏属 *Deutzia grandiflora*
分布：P30（主楼草坪东北）

陕西香椿 ★　153a

楝科 香椿属 *Toona sinensis* 'Schensiana'
分布：P30（主楼草坪中部偏东）

森工楼南学子情

美桐（一球悬铃木）　32
悬铃木科 悬铃木属 *Platanus occidentalis*
分布：P6、20、22、32、39 等

英桐（二球悬铃木）　31
悬铃木科 悬铃木属 *Platanus × acerifolia*
分布：P32、52、63、72、78 等

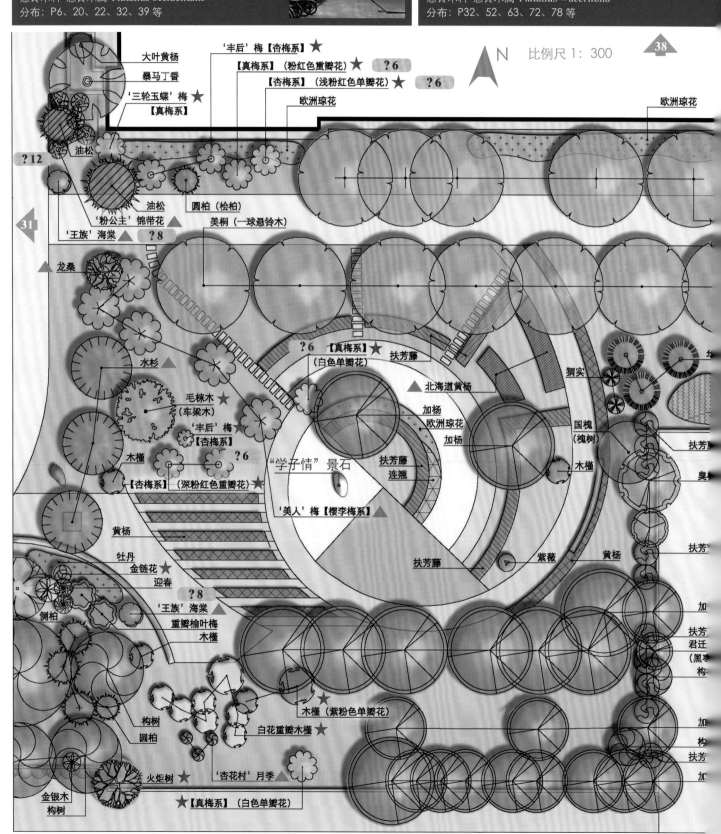

N　比例尺 1：300

38

'丰后' 梅【杏梅系】★
【真梅系】（粉红色重瓣花）★　？6
【杏梅系】（浅粉红色单瓣花）★　？6
欧洲琼花
欧洲琼花

大叶黄杨
暴马丁香
'三轮玉蝶' 梅★
【真梅系】

油松
？12
油松
'粉公主' 锦带花▲
'王族' 海棠▲　？8
龙桑▲
31
圆柏（桧柏）
美桐（一球悬铃木）

水杉▲
毛梾木★
（车梁木）
'丰后' 梅
【杏梅系】
木槿　？6
【杏梅系】（深粉红色重瓣花）★

黄杨
牡丹
金链花★
迎春
'王族' 海棠★　？8
重瓣榆叶梅
木槿
侧柏

构树
圆柏

火炬树★
金银木
构树

'杏花村' 月季▲
【真梅系】（白色单瓣花）★

木槿（紫粉色单瓣花）
白花重瓣木槿★

？6 【真梅系】★
（白色单瓣花）
扶芳藤
北海道黄杨▲
加杨
欧洲琼花
加杨
"学子情" 景石
扶芳藤
连翘
'美人' 梅【樱李梅系】▲

扶芳藤
紫薇

猬实
国槐
（槐树）
木槿

扶芳藤
臭椿
扶芳藤
黄杨
扶芳藤
加杨
扶芳藤
君迁子
（黑枣）
构树
扶芳藤
加杨
构树
扶芳藤
加杨

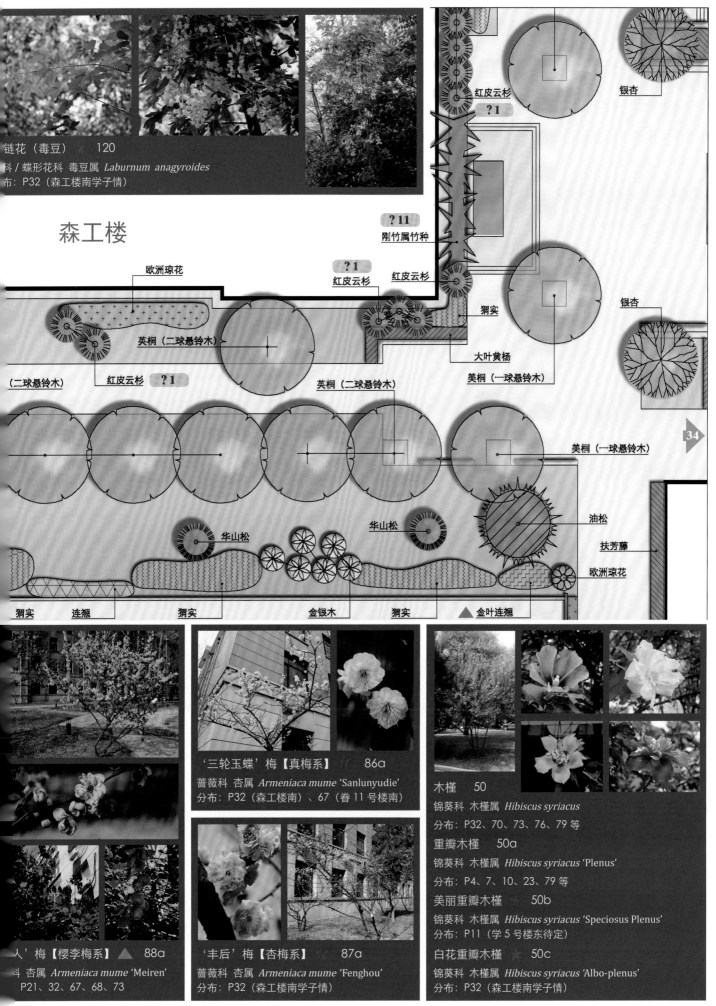

链花（毒豆）　　120
科 / 蝶形花科 毒豆属 *Laburnum anagyroides*
布：P32（森工楼南学子情）

森工楼

欧洲琼花
红皮云杉
?11
刚竹属竹种
?1
红皮云杉
红皮云杉
英桐（二球悬铃木）
猬实
红皮云杉
?1
（二球悬铃木）
大叶黄杨
美桐（一球悬铃木）
银杉
银杏
英桐（二球悬铃木）
美桐（一球悬铃木）

34

华山松
华山松
油松
扶芳藤
欧洲琼花

猬实　　连翘　　　猬实　　　金银木　　猬实　　▲ 金叶连翘

'三轮玉蝶'梅【真梅系】　　86a
蔷薇科 杏属 *Armeniaca mume* 'Sanlunyudie'
分布：P32（森工楼南）、67（眷11号楼南）

木槿　　50
锦葵科 木槿属 *Hibiscus syriacus*
分布：P32、70、73、76、79 等

重瓣木槿　　50a
锦葵科 木槿属 *Hibiscus syriacus* 'Plenus'
分布：P4、7、10、23、79 等

美丽重瓣木槿　　50b
锦葵科 木槿属 *Hibiscus syriacus* 'Speciosus Plenus'
分布：P11（学 5 号楼东待定）

白花重瓣木槿　　☆ 50c
锦葵科 木槿属 *Hibiscus syriacus* 'Albo-plenus'
分布：P32（森工楼南学子情）

人'梅【樱李梅系】　▲ 88a
斗 杏属 *Armeniaca mume* 'Meiren'
P21、32、67、68、73

'丰后'梅【杏梅系】　☆ 87a
蔷薇科 杏属 *Armeniaca mume* 'Fenghou'
分布：P32（森工楼南学子情）

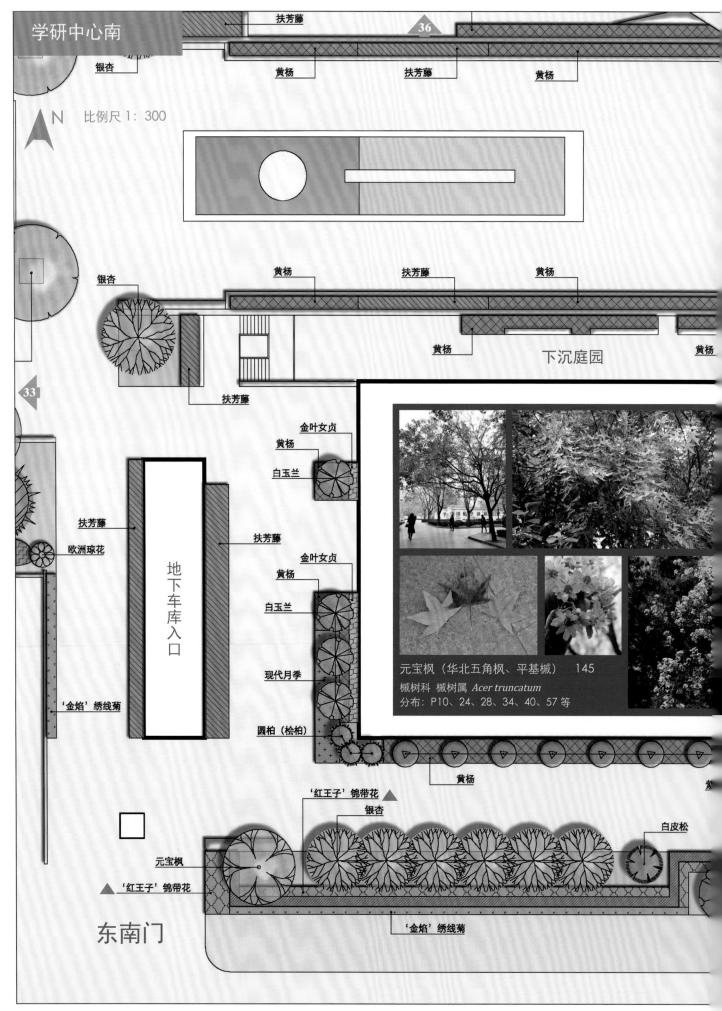

比例尺 1：300

扶芳藤

36

黄杨   扶芳藤   黄杨

银杏

黄杨   扶芳藤   黄杨

银杏

黄杨   下沉庭园   黄杨

扶芳藤

金叶女贞

黄杨

白玉兰

扶芳藤

33

扶芳藤

欧洲琼花

地
下
车
库
入
口

金叶女贞

黄杨

白玉兰

现代月季

圆柏（桧柏）

'金焰'绣线菊

元宝枫（华北五角枫、平基槭）   145
槭树科 槭树属 *Acer truncatum*
分布：P10、24、28、34、40、57 等

黄杨

'红王子'锦带花

银杏

白皮松

元宝枫

'红王子'锦带花

'金焰'绣线菊

东南门

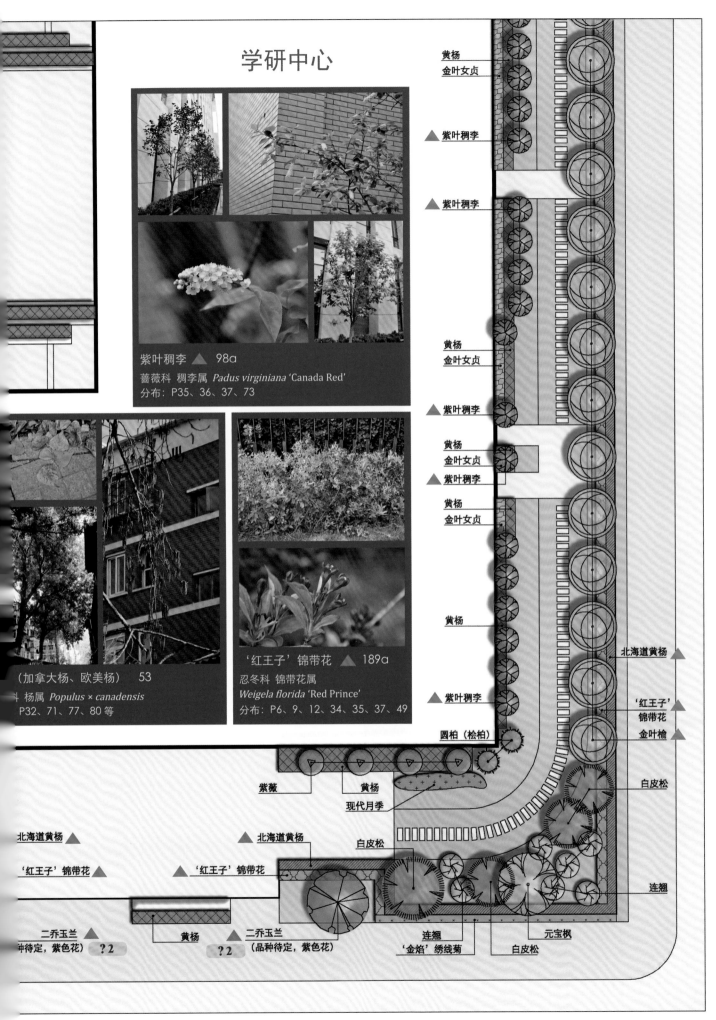

学研中心

紫叶稠李 ▲ 98a
蔷薇科 稠李属 *Padus virginiana* 'Canada Red'
分布：P35、36、37、73

（加拿大杨、欧美杨） 53
科 杨属 *Populus × canadensis*
P32、71、77、80 等

'红王子'锦带花 ▲ 189a
忍冬科 锦带花属
Weigela florida 'Red Prince'
分布：P6、9、12、34、35、37、49

黄杨
金叶女贞

▲ 紫叶稠李

▲ 紫叶稠李

黄杨
金叶女贞

▲ 紫叶稠李

黄杨
金叶女贞
▲ 紫叶稠李

黄杨
金叶女贞

黄杨

北海道黄杨 ▲

'红王子'
锦带花 ▲

金叶榆 ▲

▲ 紫叶稠李

白皮松

圆柏（桧柏）

紫薇　　黄杨

现代月季

北海道黄杨 ▲　　　　▲ 北海道黄杨　　　白皮松

连翘

'红王子'锦带花 ▲　　▲ '红王子'锦带花

二乔玉兰 ▲
种待定，紫色花） ?2　　黄杨　　▲ 二乔玉兰
　　　　　　　　　　　　?2 （品种待定，紫色花）

连翘　　　元宝枫
'金焰'绣线菊　　白皮松

N 比例尺1：300

二教

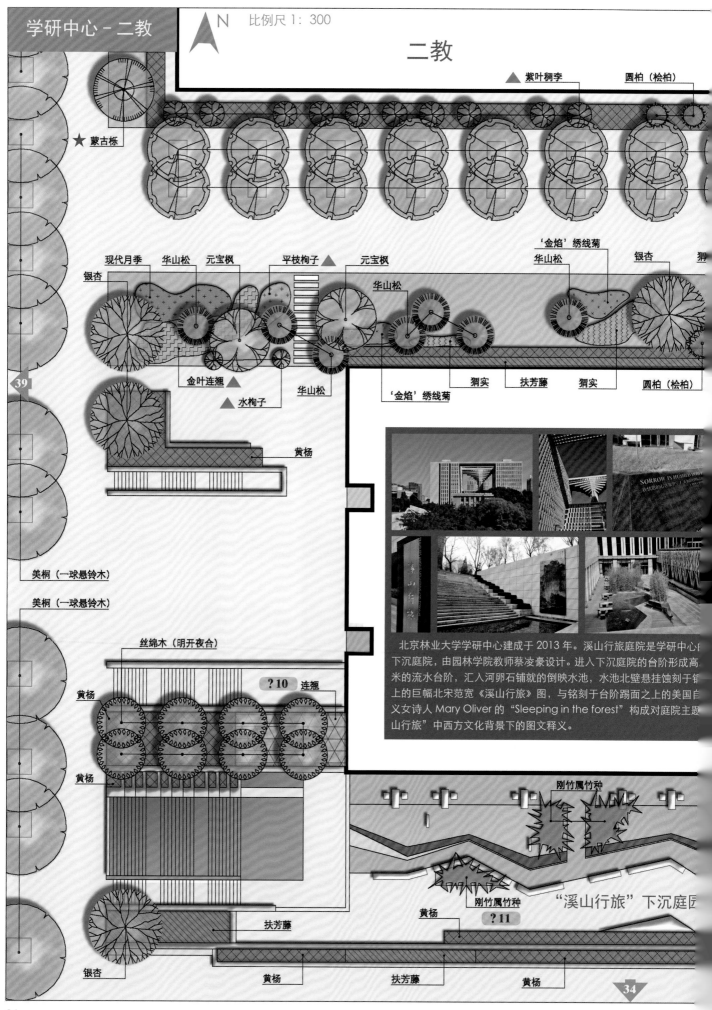

▲ 紫叶稠李　　　　圆柏（桧柏）

★ 蒙古栎

银杏　现代月季　华山松　元宝枫　　平枝栒子 ▲ 元宝枫　　'金焰'绣线菊　华山松　　银杏　　猬实

华山松

金叶连翘 ▲

▲ 水栒子　华山松

黄杨

'金焰'绣线菊　　猬实　扶芳藤　猬实　圆柏（桧柏）

美桐（一球悬铃木）

美桐（一球悬铃木）

丝绵木（明开夜合）

黄杨

❓10　连翘

黄杨

刚竹属竹种

北京林业大学学研中心建成于2013年。溪山行旅庭院是学研中心的下沉庭院，由园林学院教师蔡凌豪设计。进入下沉庭院的台阶形成高米的流水台阶，汇入河卵石铺就的倒映水池，水池北壁悬挂蚀刻于钢上的巨幅北宋范宽《溪山行旅》图，与铭刻于台阶踢面之上的美国自义女诗人 Mary Oliver 的 "Sleeping in the forest" 构成对庭院主题山行旅"中西方文化背景下的图文释义。

刚竹属竹种

"溪山行旅"下沉庭院

黄杨

❓11

扶芳藤

银杏

黄杨　　扶芳藤　　黄杨

39

34

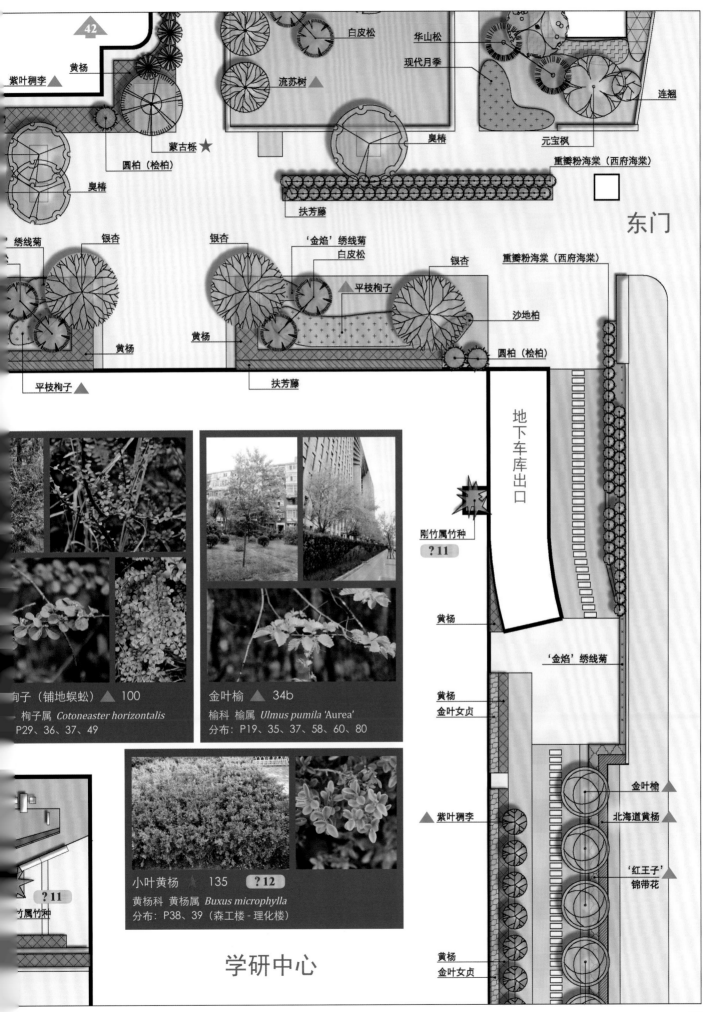

紫叶稠李 ▲

黄杨

圆柏（桧柏）

奥椿

绣线菊

白皮松

流苏树 ▲

蒙古栎 ★

华山松

现代月季

臭椿

元宝枫

连翘

重瓣粉海棠（西府海棠）

扶芳藤

银杏

银杏

'金焰'绣线菊

白皮松

银杏

重瓣粉海棠（西府海棠）

平枝栒子 ▲

黄杨

黄杨

沙地柏

圆柏（桧柏）

平枝栒子 ▲

扶芳藤

栒子（铺地蜈蚣） ▲ 100

▲ 栒子属 Cotoneaster horizontalis
P29、36、37、49

金叶榆 ▲ 34b

榆科 榆属 Ulmus pumila 'Aurea'
分布：P19、35、37、58、60、80

地下车库出口

刚竹属竹种
? 11

黄杨

'金焰'绣线菊

黄杨
金叶女贞

小叶黄杨 135 ? 12

黄杨科 黄杨属 Buxus microphylla
分布：P38、39（森工楼 - 理化楼）

▲ 紫叶稠李

金叶榆 ▲

北海道黄杨

'红王子'
锦带花

? 11

竹属竹种

黄杨
金叶女贞

学研中心

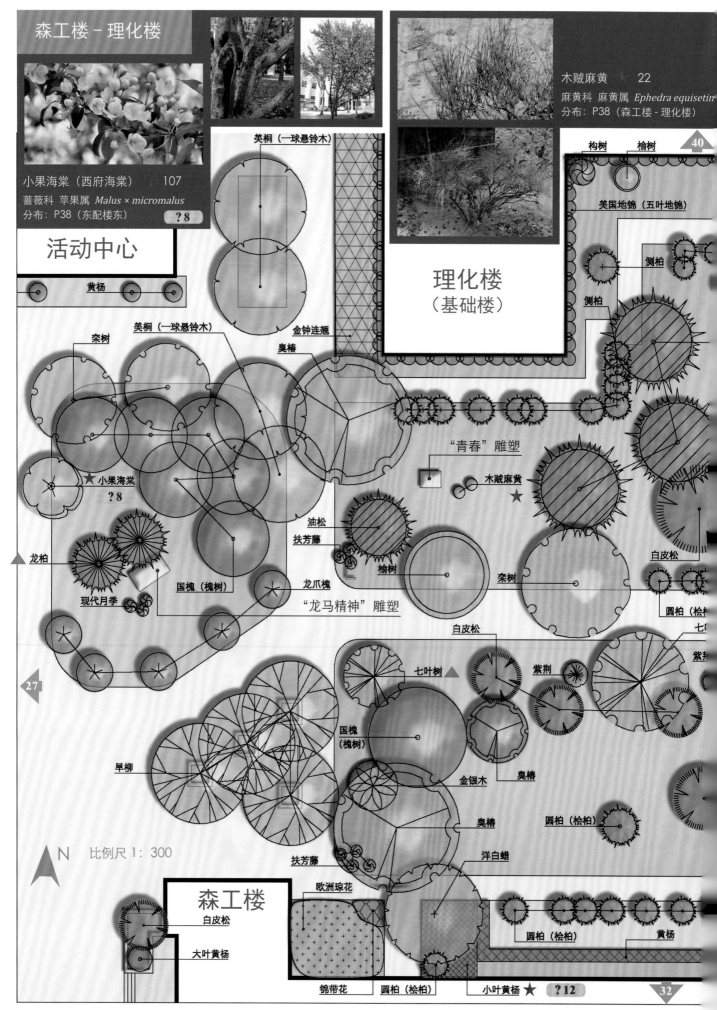

森工楼－理化楼

小果海棠（西府海棠） 107
蔷薇科 苹果属 *Malus × micromalus*
分布：P38（东配楼东）   ? 8

木贼麻黄　　22
麻黄科 麻黄属 *Ephedra equisetin*
分布：P38（森工楼 - 理化楼）

活动中心

理化楼
（基础楼）

美桐（一球悬铃木）

黄杨

金钟连翘

奥椿

栾树

美桐（一球悬铃木）

40

构树　榆树

美国地锦（五叶地锦）

侧柏

侧柏

"青春"雕塑

木贼麻黄

★ 小果海棠
? 8

油松

扶芳藤

榆树

栾树

白皮松

圆柏（桧柏

七叶

龙柏

国槐（槐树）

龙爪槐

"龙马精神"雕塑

现代月季

27

白皮松

七叶树 ▲

紫荆

紫荆

早柳

国槐
（槐树）

金银木

奥椿

圆柏（桧柏）

N　比例尺 1：300

扶芳藤

欧洲琼花

奥椿

洋白蜡

圆柏（桧柏）

黄杨

森工楼

白皮松

大叶黄杨

锦带花　圆柏（桧柏）　小叶黄杨 ★ ? 12

32

38

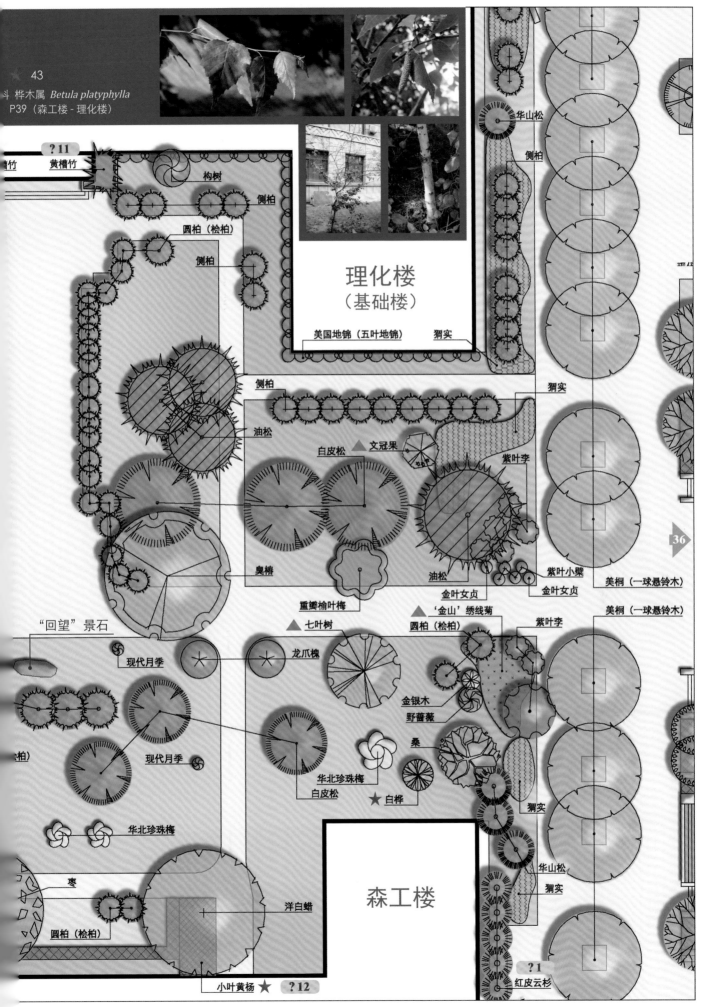

理化楼
（基础楼）

森工楼

?11
篬竹　黄槽竹
构树
侧柏
圆柏（桧柏）
侧柏
侧柏
油松
白皮松　文冠果
紫叶李
奥椿
金叶女贞
油松
紫叶小檗
金叶女贞
美桐（一球悬铃木）
重瓣榆叶梅
'金山'绣线菊
圆柏（桧柏）
紫叶李
美桐（一球悬铃木）
"回望"景石
七叶树
龙爪槐
现代月季
金银木
野蔷薇
桑
现代月季
华北珍珠梅
白皮松　★白桦
猬实
华北珍珠梅
华山松
猬实
枣
洋白蜡
森工楼
圆柏（桧柏）
柏）
小叶黄杨　★　?12
红皮云杉
?1

美国地锦（五叶地锦）　猬实
华山松
侧柏
猬实

36

'薄重'大岛樱　94a　?7
蔷薇科　樱属
Cerasus speciosa 'Semiplena'
分布：P40（理化楼 - 实验楼）

流苏树 ▲ 163
木犀科　流苏树属
Chionanthus retusus
分布：P40、42（二教东）

▲N　比例尺1：300　实验楼

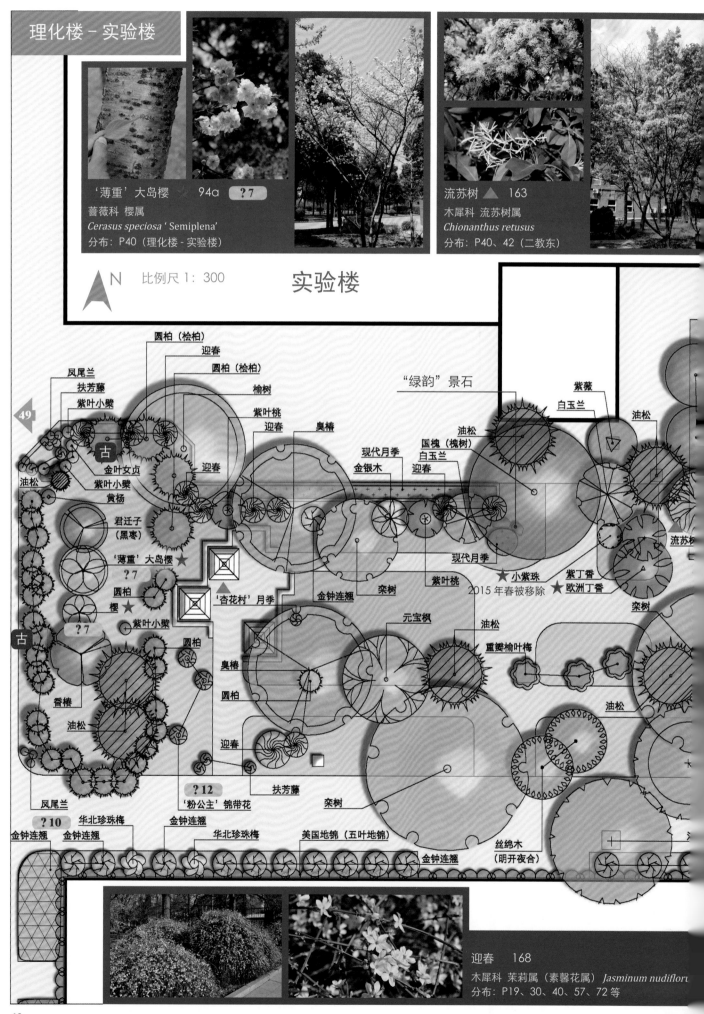

圆柏（桧柏）
迎春
圆柏（桧柏）
榆树
凤尾兰
扶芳藤
紫叶小檗
紫叶桃
迎春
臭椿
"绿韵"景石
紫薇
白玉兰
油松
49
古
油松
金叶女贞
紫叶小檗
黄杨
迎春
现代月季
金银木
国槐（槐树）
白玉兰
迎春
油松
君迁子
（黑枣）
'薄重'大岛樱 ★
?7
圆柏
樱 ★
?7
紫叶小檗
现代月季
★ 小紫珠
紫丁香
欧洲丁香
流苏柯
古
'杏花村'月季
金钟连翘
栾树
紫叶桃
2015年春被移除
栾树
元宝枫
油松
重瓣榆叶梅
臭椿
圆柏
油松
香椿
油松
迎春
扶芳藤
凤尾兰
?12
'粉公主'锦带花
栾树
?10
华北珍珠梅
金钟连翘
丝绵木
（明开夜合）
金钟连翘
金钟连翘
华北珍珠梅
美国地锦（五叶地锦）
金钟连翘

迎春　168
木犀科　茉莉属（素馨花属）*Jasminum nudiflor*
分布：P19、30、40、57、72 等

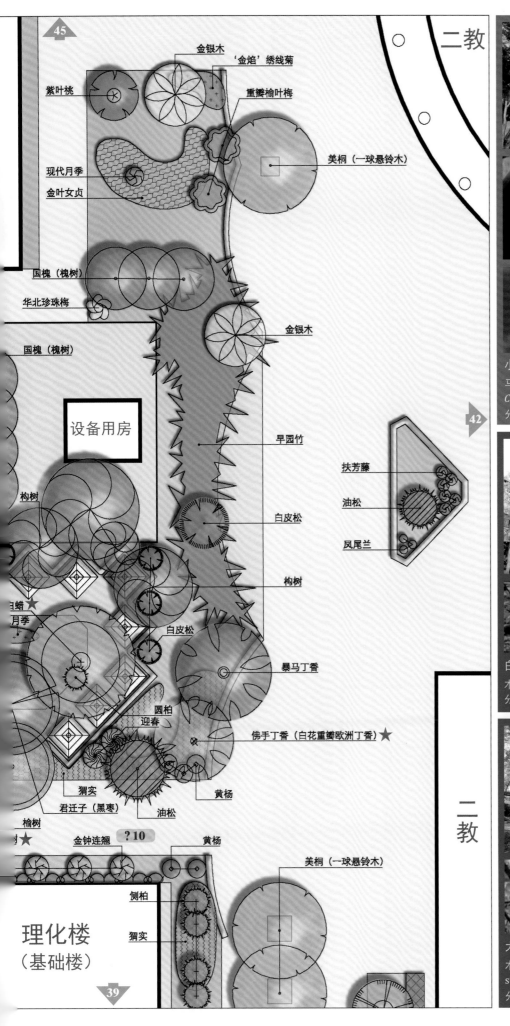

45

金银木
'金焰'绣线菊

紫叶桃

重瓣榆叶梅

现代月季

金叶女贞

美桐（一球悬铃木）

国槐（槐树）

华北珍珠梅

国槐（槐树）

金银木

设备用房

早园竹

扶芳藤

油松

凤尾兰

白皮松

构树

构树

白皮松

暴马丁香

圆柏
迎春

佛手丁香（白花重瓣欧洲丁香）★

猥实

黄杨

君迁子（黑枣）

油松

榆树

树 ★

金钟连翘

? 10

黄杨

美桐（一球悬铃木）

侧柏

猥实

理化楼
（基础楼）

39

42

小紫珠（白棠子树） ★ x38
马鞭草科 紫珠属 （2015年春被移除）
Callicarpa dichotoma
分布：P40（理化楼 - 实验楼）

白蜡树（白蜡） ★ 180
木犀科 白蜡属 *Fraxinus chinensis*
分布：P41（理化楼 - 实验楼）

大叶白蜡（花曲柳） ★ 180a
木犀科 白蜡属 *Fraxinus chinensis*
subsp. *rhynchophylla*
分布：P41（理化楼 - 实验楼）

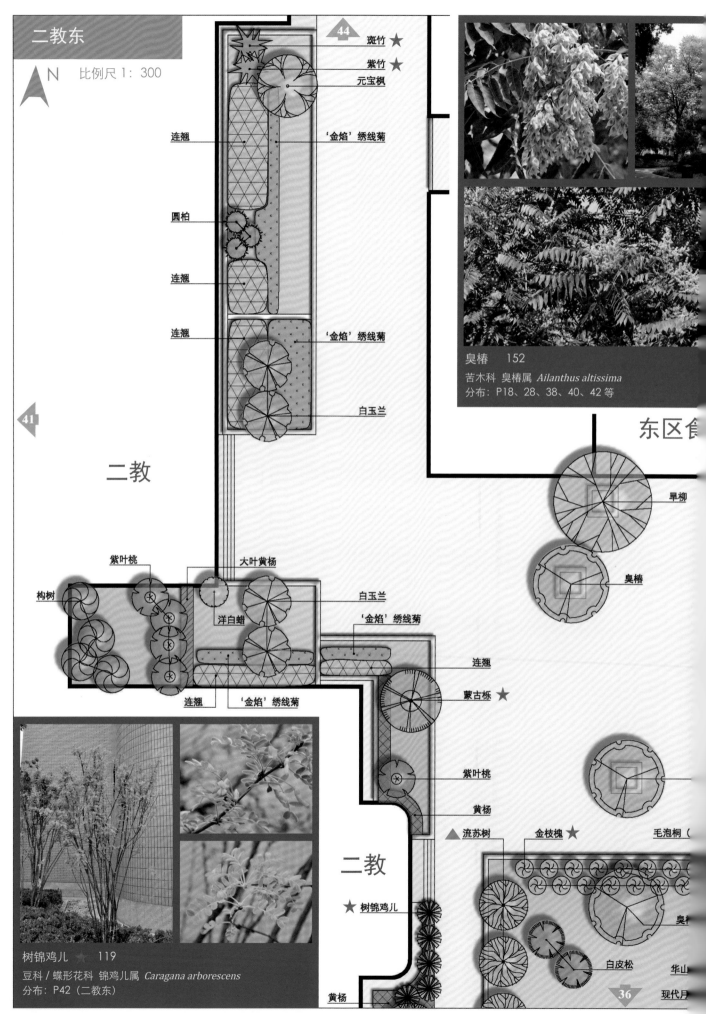

斑竹 ★
紫竹 ★
元宝枫

44

连翘
'金焰'绣线菊

圆柏

连翘

连翘
'金焰'绣线菊

白玉兰

臭椿   152
苦木科 臭椿属 *Ailanthus altissima*
分布：P18、28、38、40、42 等

东区食

旱柳

臭椿

二教

41

紫叶桃   大叶黄杨

构树   白玉兰

洋白蜡   '金焰'绣线菊

连翘

蒙古栎 ★

连翘   '金焰'绣线菊

紫叶桃

黄杨

▲流苏树   金枝槐 ★   毛泡桐（

二教

★ 树锦鸡儿

臭椿

白皮松   华山

黄杨   36   现代月

树锦鸡儿 ★   119
豆科 / 蝶形花科 锦鸡儿属 *Caragana arborescens*
分布：P42（二教东）

现代月季　75　**？4**　（各品种尚未细分）

蔷薇科　蔷薇属　*Rosa hybrida*
分布：P21、28、30、42、60、71 等

金枝槐　114b

豆科 / 蝶形花科　槐树属
Sophora japonica 'Chrysoclada'
分布：P42（二教东）

－食堂）

（时食堂）

超市

超市

？10
金钟连翘
连翘
华山松
金叶连翘
毛泡桐
（紫花泡桐）

斑竹（湘妃竹）　199a

禾本科　刚竹属
Phyllostachys reticulata 'Lacrima-deae'
分布：P42（二教东）

蒙古栎（柞树）　42

壳斗科　栎属　*Quercus mongolica*
分布：P36（二教西南）、42（二教东）

紫竹　200

禾本科　刚竹属　*Phyllostachys nigra*
分布：P42（二教东）

金叶连翘　178a

木犀科　连翘属　*Forsythia koreana* 'Suwon Gold'
分布：P28、30、33、36、43、57

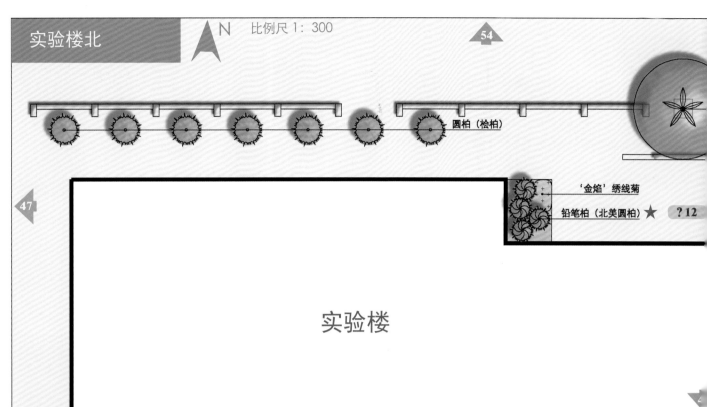

N　比例尺 1：300

54

圆柏（桧柏）

47

'金焰'绣线菊

铅笔柏（北美圆柏）★　? 12

实验楼

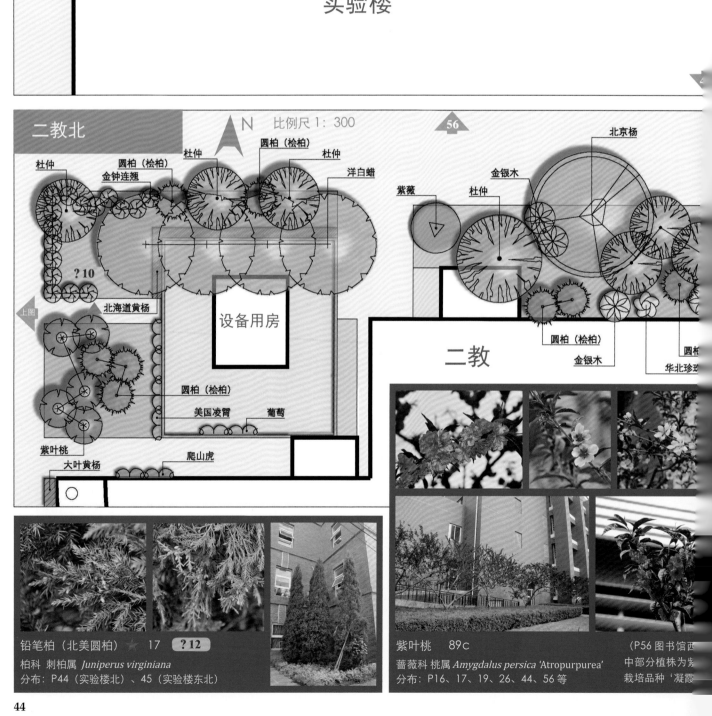

N　比例尺 1：300

56

杜仲

圆柏（桧柏）

金钟连翘

杜仲

杜仲

洋白蜡

北京杨

紫薇

杜仲

金银木

? 10

北海道黄杨

设备用房

圆柏（桧柏）

美国凌霄

葡萄

紫叶桃

爬山虎

大叶黄杨

二教

圆柏（桧柏）

金银木

圆柏

华北珍珠

铅笔柏（北美圆柏）★　17　? 12

柏科 刺柏属 *Juniperus virginiana*
分布：P44（实验楼北）、45（实验楼东北）

紫叶桃　89c

蔷薇科 桃属 *Amygdalus persica* 'Atropurpurea'
分布：P16、17、19、26、44、56 等

（P56 图书馆西

中部分植株为

栽培品种'凝霞

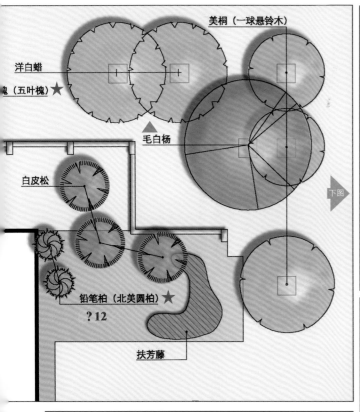

美桐（一球悬铃木）

洋白蜡

槐（五叶槐）★

毛白杨

白皮松

铅笔柏（北美圆柏）★

?12

扶芳藤

下图

畸叶槐（五叶槐、蝴蝶槐）　114c

豆科 / 蝶形花科 槐树属 *Sophora japonica* 'Oligophylla'
分布：P28（正门西）、44（实验楼北）

北京杨　56

杨柳科 杨属 *Populus × beijingensis*
分布：P45、56、67、68、74、78 等

杜仲

杜仲　33

杜仲科 杜仲属 *Eucommia ulmoides*
分布：P4、28、30、44、46、54 等

毛白杨 ▲ 51

杨柳科 杨属 *Populus tomentosa*
分布：P8、22、45、50、78、80

紫薇（痒痒树、百日红）　124

千屈菜科 紫薇属 *Lagerstroemia indica*
分布：P4、6、14、44、67 等

国槐（槐树）　114

豆科 / 蝶形花科 槐树属 *Sophora japonica*
分布：P8、38、40、46、48、65、69 等

油松　6

松科 松属 *Pinus tabuliformis*
分布：P10、20、28、30、38、46、49 等

金钟连翘（杂种连翘）　177　? 10

木犀科 连翘属 *Forsythia × intermedia*
分布：P31、40、47、58、79 等

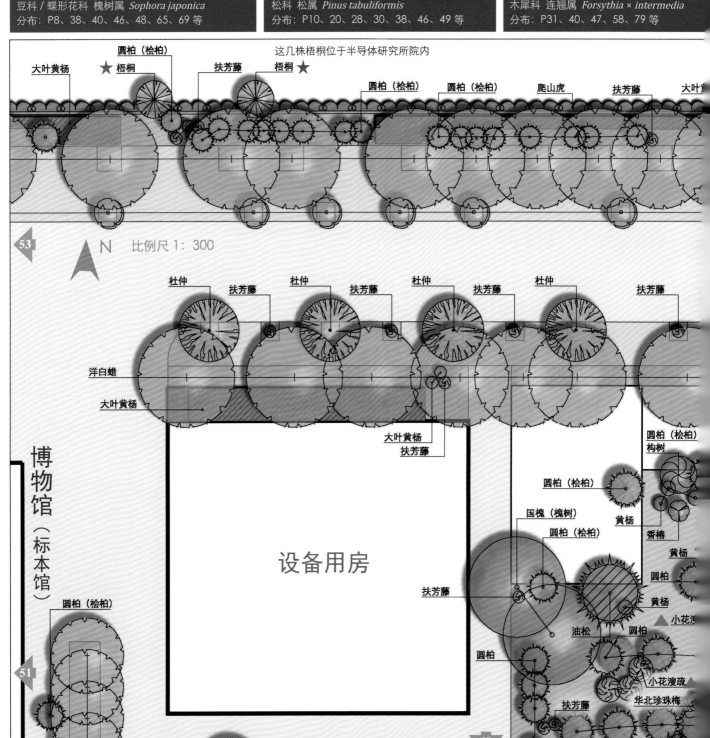

这几株梧桐位于半导体研究所院内

比例尺 1：300

博物馆（标本馆）

设备用房

（楮树）　36
构属 *Broussonetia papyrifera*
P28、30、41、47、66 等

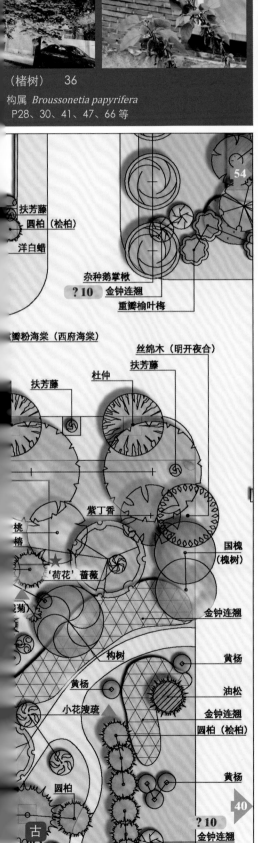

扶芳藤
　圆柏（桧柏）

洋白蜡

杂种鹅掌楸
?10　金钟连翘
　　重瓣榆叶梅

重瓣粉海棠（西府海棠）

　　　丝绵木（明开夜合）
扶芳藤　　　扶芳藤
　　杜仲
紫丁香

桃椿

　国槐
　（槐树）

'荷花'蔷薇

　金钟连翘

构树

黄杨
黄杨　　　　　　　油松
小花溲疏　　　　　金钟连翘
　　　　　　　　　圆柏（桧柏）
　　　　　　　　　黄杨
圆柏
　　　　　　　　　40
古　　　　**?10**
　　　　　　　　金钟连翘

重瓣粉海棠（西府海棠）　　106a
蔷薇科 苹果属 *Malus spectabilis* 'Riversii'
分布：P12、18、20、37、52 等

野蔷薇（蔷薇、多花蔷薇）　74　**?4**
（各品种尚未细分）

蔷薇科 蔷薇属 *Rosa multiflora*
分布：P39、57、72、76、83 等

'七姊妹'（十姊妹）蔷薇　▲　74a
蔷薇科 蔷薇属 *Rosa multiflora* 'Grevillea'
分布：P58、60

'荷花'蔷薇（粉红七姊妹）　★　74b
蔷薇科 蔷薇属 *Rosa multiflora* 'Carnea'
分布：P47（博物馆东南小花园）

'白玉棠'蔷薇　★　74c
蔷薇科 蔷薇属 *Rosa multiflora* 'Albo-plena'
分布：P10（学 4 号楼 - 学 5 号楼）

小花溲疏　▲　65
绣球科 溲疏属 *Deutzia parviflora*
分布：P47、49（博物馆东南小花园）

圆柏（桧柏）　14
柏科 刺柏属 *Juniperus chinensis*
分布：P5、10、39、46、49、52 等

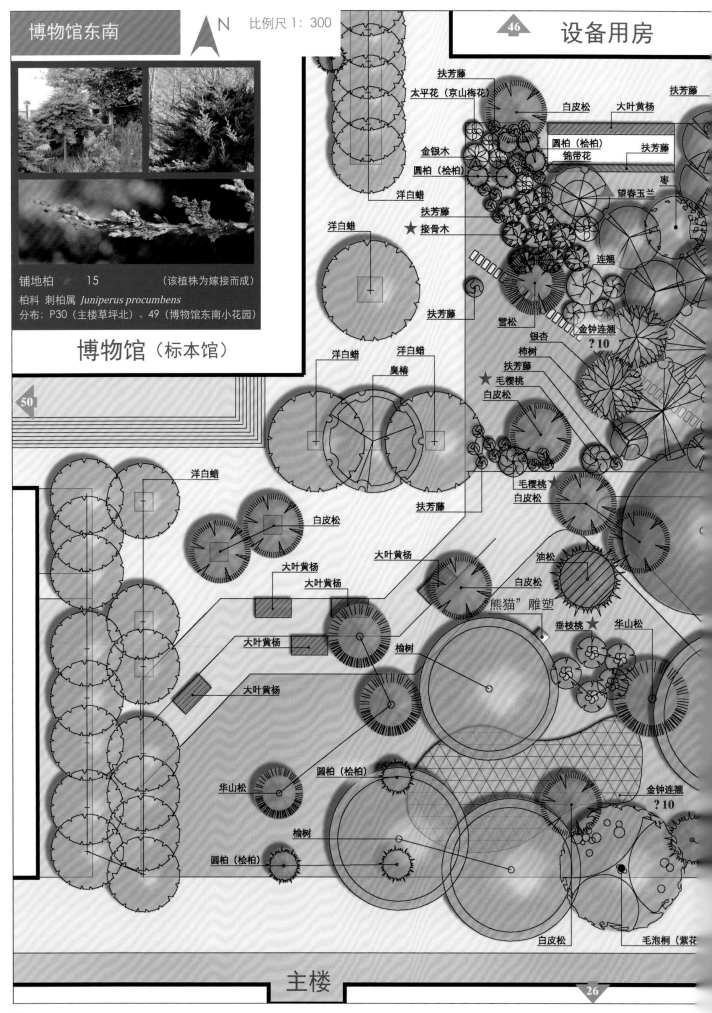

N

比例尺1：300

46

设备用房

扶芳藤

太平花（京山梅花）

白皮松

大叶黄杨

扶芳藤

圆柏（桧柏）

扶芳藤

锦带花

金银木

圆柏（桧柏）

枣

望春玉兰

洋白蜡

扶芳藤

★ 接骨木

连翘

扶芳藤

雪松

金钟连翘

银杏

？10

柿树

扶芳藤

★ 毛樱桃

白皮松

铺地柏 ★ 15 （该植株为嫁接而成）

柏科 刺柏属 *Juniperus procumbens*

分布：P30（主楼草坪北）、49（博物馆东南小花园）

博物馆（标本馆）

洋白蜡

洋白蜡

洋白蜡

臭椿

毛樱桃 ★

白皮松

50

扶芳藤

洋白蜡

油松

大叶黄杨

白皮松

白皮松

"熊猫"雕塑

大叶黄杨

大叶黄杨

垂枝桃 ★

华山松

大叶黄杨

榆树

大叶黄杨

华山松

圆柏（桧柏）

金钟连翘

？10

榆树

圆柏（桧柏）

白皮松

毛泡桐（紫花

主楼

26

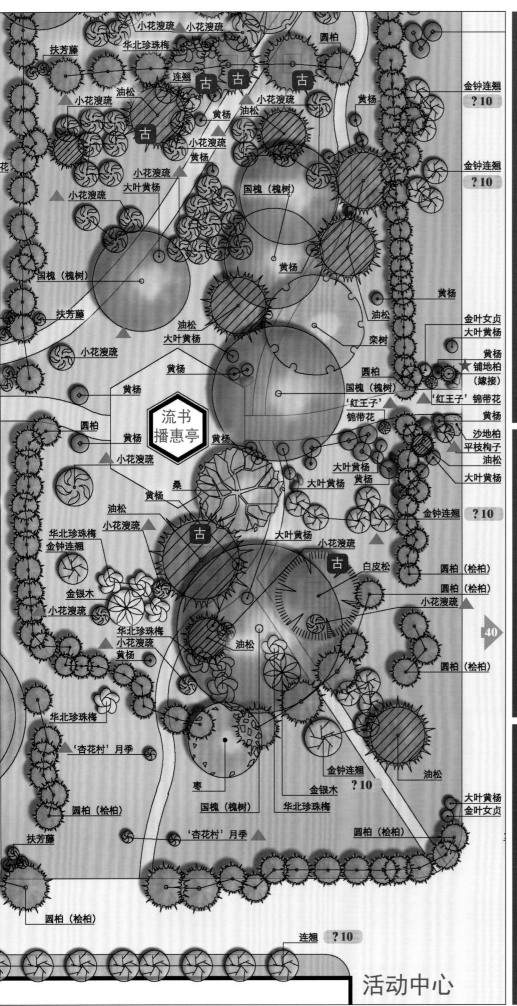

小花溲疏　小花溲疏
华北珍珠梅
圆柏
扶芳藤
连翘
油松
古　古　古
小花溲疏
黄杨
小花溲疏　油松
金钟连翘
? 10
小花溲疏
黄杨
古
小花溲疏
黄杨
金钟连翘
? 10
大叶黄杨
小花溲疏
国槐（槐树）
黄杨
国槐（槐树）
油松
栾树
黄杨
扶芳藤
油松
金叶女贞
大叶黄杨
小花溲疏
大叶黄杨
黄杨
圆柏
黄杨
国槐（槐树）
'红王子'锦带花
铺地柏
（嫁接）
'红王子'
锦带花
黄杨
流书
播惠亭
圆柏
黄杨　黄杨
小花溲疏
大叶黄杨
黄杨
沙地柏
平枝枸子
油松
大叶黄杨
桑
黄杨
大叶黄杨
黄杨
金钟连翘
? 10
油松
小花溲疏
华北珍珠梅
金钟连翘
古
大叶黄杨
小花溲疏
古
白皮松
圆柏（桧柏）
圆柏（桧柏）
金银木
小花溲疏
油松
华北珍珠梅
小花溲疏
黄杨
圆柏（桧柏）
华北珍珠梅
'杏花村'月季
枣
国槐（槐树）
金钟连翘
? 10
油松
金银木
华北珍珠梅
大叶黄杨
金叶女贞
圆柏（桧柏）
扶芳藤
'杏花村'月季
圆柏（桧柏）
圆柏（桧柏）
连翘　? 10

活动中心

接骨木 ★　196
忍冬科　接骨木属
Sambucus williamsii
分布：P48（博物馆东南小花园）

垂枝桃　89d
蔷薇科　桃属
Amygdalus persica 'Pendula'
分布：P48（博物馆东南小花园）

毛樱桃 ★　92
蔷薇科　樱属 *Cerasus tomentosa*
分布：P48、72（卷 4 号楼南）

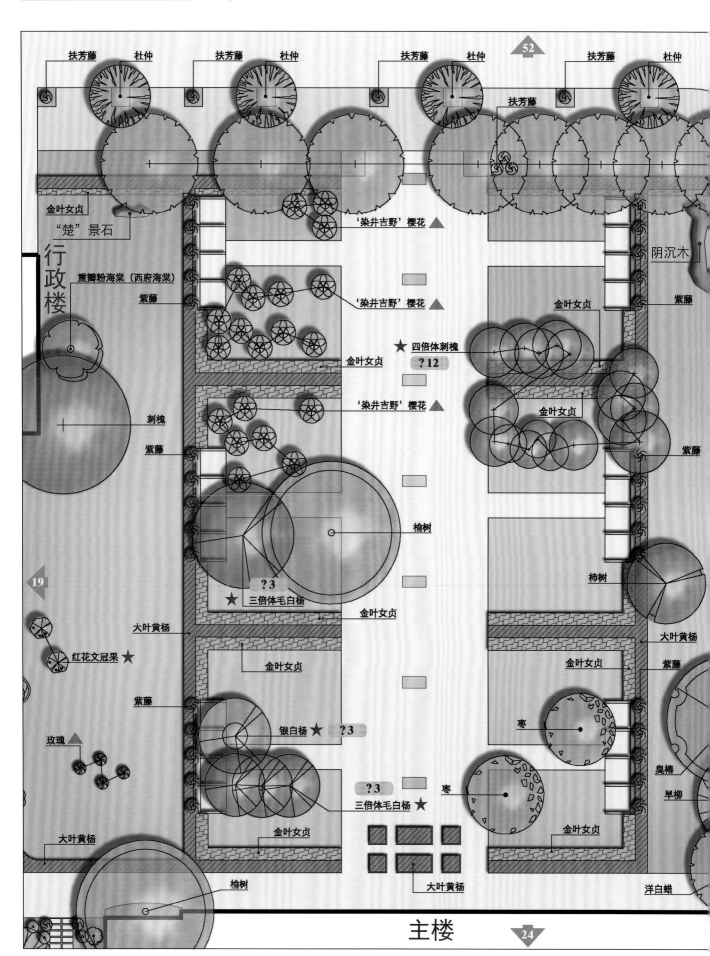

博物馆（标本馆）

旱柳　57

杨柳科　柳属　*Salix matsudana*

分布：P38、42、50、65、76 等

枣　136

鼠李科　枣属　*Ziziphus jujuba*

分布：P39、49、50、60、72、74 等

榆树（家榆、白榆）　34

榆科　榆属　*Ulmus pumila*

分布：P4、6、19、48、50 等

刺槐（洋槐）　116

豆科 / 蝶形花科　刺槐属　*Robinia pseudoacacia*

分布：P10、28、50、56、69 等

紫藤　122

豆科 / 蝶形花科　紫藤属　*Wisteria sinensis*

分布：P12、21、50、68、72 等

'染井吉野'樱花　▲96a

蔷薇科　樱属　*Cerasus × yedoensis* 'Somei-yoshino'

分布：P50（行政楼 - 博物馆）、81（眷 8 号楼 - 眷 10 号楼待定）

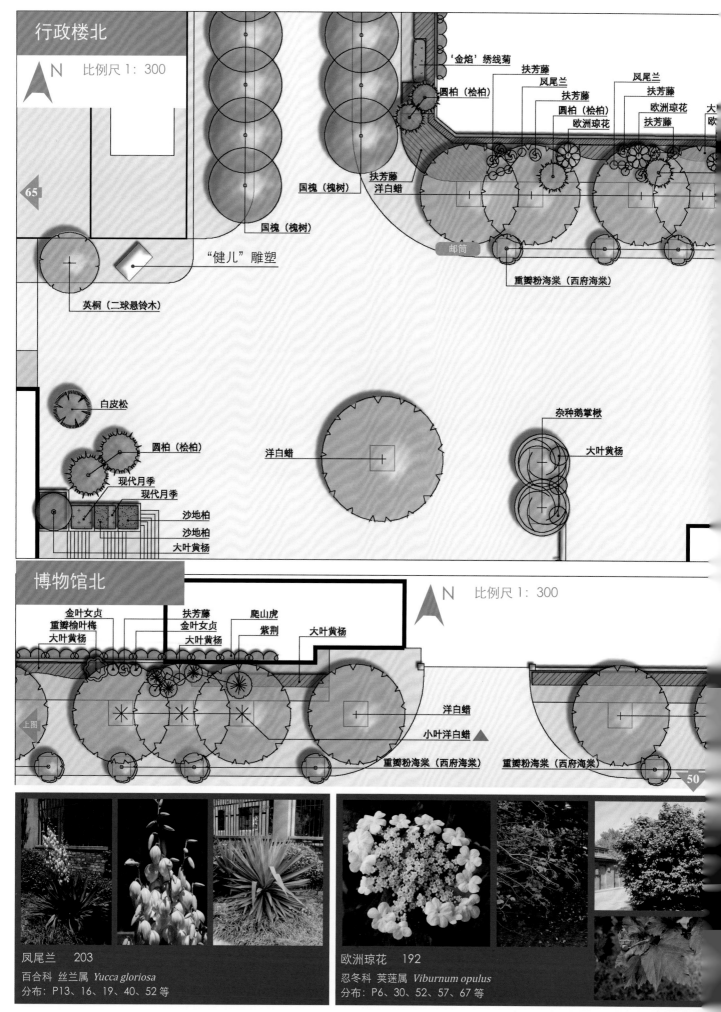

行政楼北

N 比例尺 1：300

65

'金焰' 绣线菊
扶芳藤
凤尾兰
圆柏（桧柏）
扶芳藤
圆柏（桧柏）
欧洲琼花
凤尾兰
扶芳藤
欧洲琼花
扶芳藤
大欧

国槐（槐树）
扶芳藤
洋白蜡

国槐（槐树）

"健儿" 雕塑

英桐（二球悬铃木）

邮筒

重瓣粉海棠（西府海棠）

白皮松

圆柏（桧柏）

现代月季
现代月季

沙地柏
沙地柏
大叶黄杨

洋白蜡

杂种鹅掌楸

大叶黄杨

博物馆北

N 比例尺 1：300

金叶女贞
重瓣榆叶梅
大叶黄杨

扶芳藤
金叶女贞
大叶黄杨

爬山虎
紫荆

大叶黄杨

上图

洋白蜡

小叶洋白蜡 ▲

重瓣粉海棠（西府海棠）

重瓣粉海棠（西府海棠）

50

凤尾兰　203

百合科 丝兰属 *Yucca gloriosa*
分布：P13、16、19、40、52 等

欧洲琼花　192

忍冬科 荚蒾属 *Viburnum opulus*
分布：P6、30、52、57、67 等

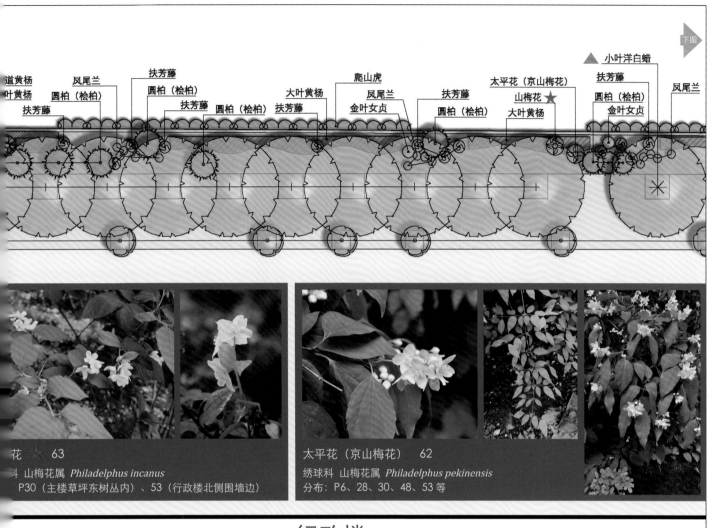

▲ 小叶洋白蜡

道黄杨　凤尾兰　　　扶芳藤　　　　　　　　　　　　　爬山虎　　　　　　　　太平花（京山梅花）　　扶芳藤　　凤尾兰
叶黄杨　　圆柏（桧柏）　圆柏（桧柏）　　　大叶黄杨　　凤尾兰　　　扶芳藤　　　山梅花 ★　圆柏（桧柏）
　扶芳藤　　　　扶芳藤　圆柏（桧柏）扶芳藤　　金叶女贞　　圆柏（桧柏）　大叶黄杨　金叶女贞

花 ★ 63
科 山梅花属 *Philadelphus incanus*
P30（主楼草坪东树丛内）、53（行政楼北侧围墙边）

太平花（京山梅花）　62
绣球科 山梅花属 *Philadelphus pekinensis*
分布：P6、28、30、48、53 等

行政楼

半导体研究所南门内草坪上有一株白花山碧桃　　　　　　　　　　　　　　　　这几株梧桐位于半导体研究所院内

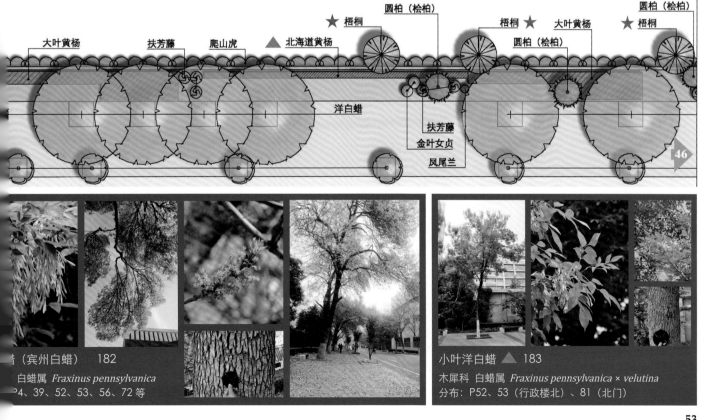

　　　　　　　　　　　　　　　　　　　　　　　圆柏（桧柏）　　　　　　　　　　　　　圆柏（桧柏）
　　　　　　　　　　　　　　　　　　　★ 梧桐　　　　梧桐 ★　大叶黄杨　★ 梧桐
大叶黄杨　　扶芳藤　　爬山虎　▲ 北海道黄杨　　　　　　　　圆柏（桧柏）

洋白蜡
扶芳藤
金叶女贞
凤尾兰

46

馆（宾州白蜡）　182
　白蜡属 *Fraxinus pennsylvanica*
24、39、52、53、56、72 等

小叶洋白蜡 ▲ 183
木犀科 白蜡属 *Fraxinus pennsylvanica × velutina*
分布：P52、53（行政楼北）、81（北门）

大叶黄杨

紫叶桃

其中部分植
株为'凝霞
紫叶'品种
★

榆树

N　　比例尺 1：300

图书

紫叶桃

其中部分植
株为'凝霞
紫叶'品种
★

大叶黄杨

杜仲

杜仲

重瓣榆叶梅　91a

蔷薇科 桃属 *Amygdalus triloba* 'Plena'
分布：P8、18、20、39、56、76 等

杂种鹅掌楸　27

木兰科 鹅掌楸属 *Liriodendron tulipifera × chinense*
分布：P13、16、18、30、54

图

圆柏（桧柏）

圆柏（桧柏）

大叶黄杨

大叶黄杨

大叶黄杨

44

杂种鹅掌楸

? 10　金钟连翘

重瓣榆叶梅

白玉兰

金叶女贞

'金焰'绣线菊

杜仲

黄杨

族'海棠 ▲ 108a **?8**
斗 苹果属 *Malus* 'Royalty'
P32（森工楼南学子情）、57（一教南）

白刺花（马蹄针）★ 115
豆科／蝶形花科 槐树属 *Sophora davidii*
分布：P57（一教 - 环境楼）

黄杨（冬青卫矛）130
卫矛属 *Euonymus japonicus*
P4、18、22、50、54 等

扶芳藤（扶房藤）131
卫矛科 卫矛属 *Euonymus fortunei*
分布：P22、24、32、34、52、53 等

圆柏（桧柏）

圆柏（桧柏）

大叶黄杨

大叶黄杨

大叶黄杨

► 56

北京林业大学图书馆始建于1952年，新馆于2004年建成，建筑面积23400平方米，阅览座位3258个，是集藏、借、阅为一体，环境舒适设施先进的阅览学习中心和文献信息中心。目前，本校图书馆已形成了以林学、生物学、水土保持、园林植物、园林规划设计、森林工业、林业经济为特色的藏书体系。馆藏文献类型由单一的纸质文献变为纸质文献与数字化资源并存。

北京林业大学森林植物标本馆（BJFC）的前身是始建于1923年的原北京大学农学院森林系树木标本室，收藏着一批早期珍贵的标本，记载着中国植物研究和标本收藏的历程，具有深厚的历史积淀。标本馆新馆于2011年建成，历经近90年的历史，已经形成集森林植物、森林昆虫、森林动物、木材、菌物、土壤与岩石等资源，综合标本收藏与展示为一体的现代化标本馆。2015年更名为北京林业大学博物馆。

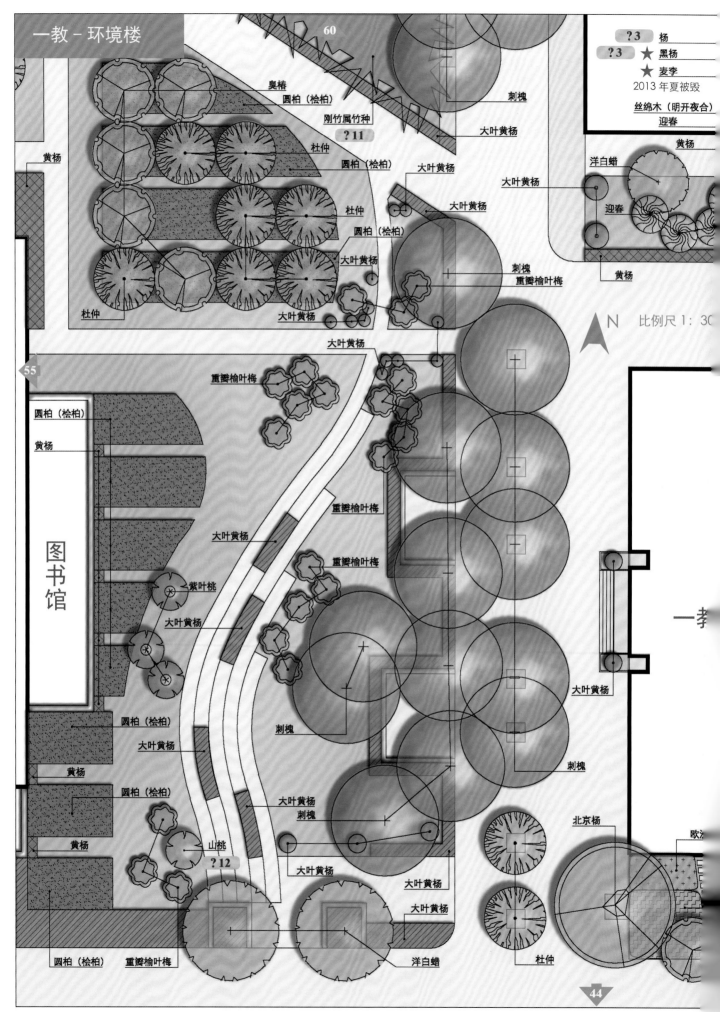

臭椿
圆柏（桧柏）
刚竹属竹种
? 11
杜仲
圆柏（桧柏）
杜仲
圆柏（桧柏）
大叶黄杨
杜仲
大叶黄杨

刺槐
大叶黄杨

大叶黄杨
大叶黄杨
大叶黄杨

刺槐
重瓣榆叶梅

? 3 杨
? 3 ★ 黑杨
★ 麦李
2013 年夏被毁
丝绵木（明开夜合）
迎春

黄杨
洋白蜡
迎春
黄杨

黄杨

大叶黄杨
重瓣榆叶梅

大叶黄杨

重瓣榆叶梅

N 比例尺 1：30

55

圆柏（桧柏）
黄杨

图书馆

紫叶桃
大叶黄杨

圆柏（桧柏）
大叶黄杨
黄杨

圆柏（桧柏）

黄杨

山桃
? 12

圆柏（桧柏）
重瓣榆叶梅

重瓣榆叶梅
大叶黄杨

刺槐

大叶黄杨
刺槐

大叶黄杨

大叶黄杨

大叶黄杨

洋白蜡

大叶黄杨

刺槐

北京杨
欧

一孝

杜仲

44

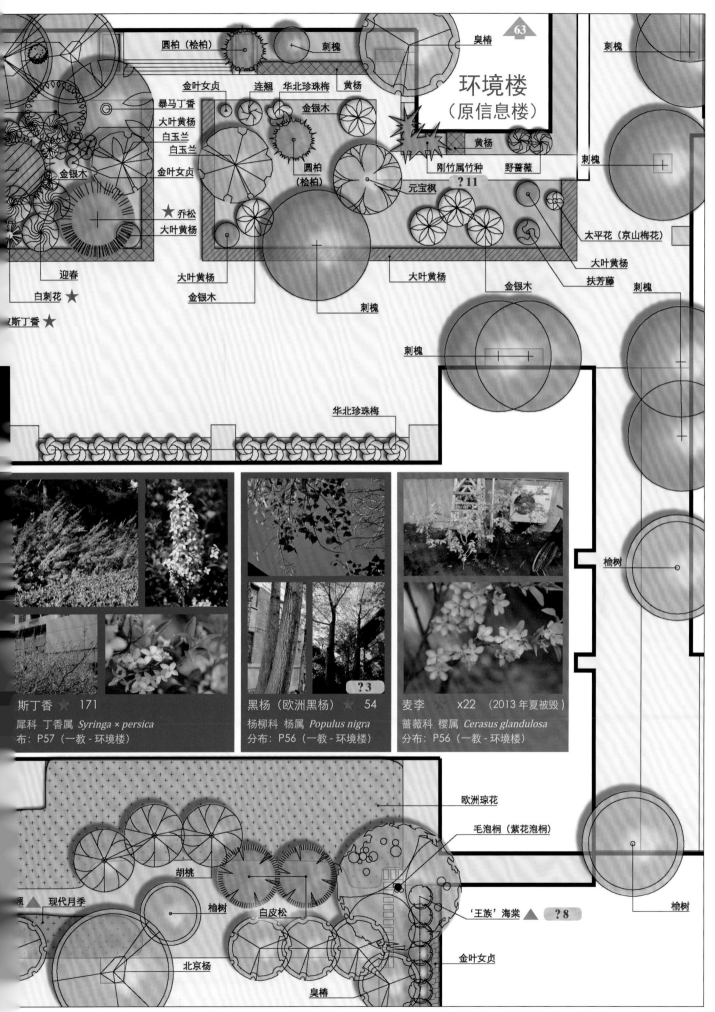

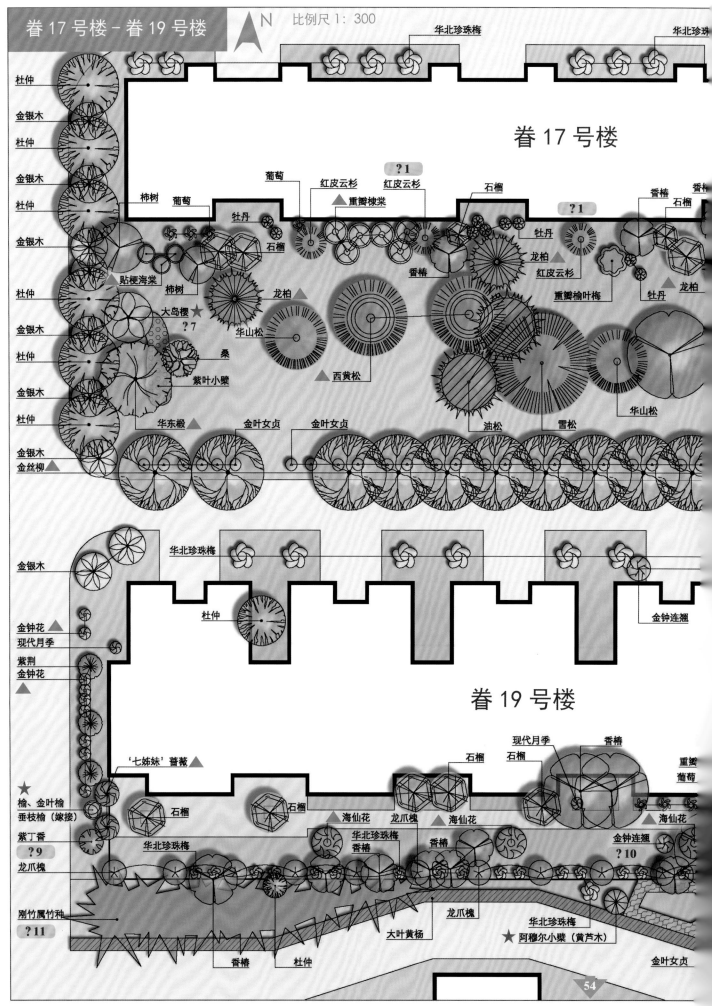

N　比例尺 1：300

华北珍珠梅　　　　　　华北珍珠

眷 17 号楼

杜仲
金银木
杜仲
金银木
杜仲

葡萄　　红皮云杉　红皮云杉　　石榴　　　　　　香椿　香椿
柿树　葡萄　　　　　　　　　　　　　　　　　石榴
　　　牡丹　　　重瓣棣棠　　　　　?1
金银木　　　石榴　　　　　　　　　　　　　　　　?1
杜仲　　　　　　　　　　　　香椿　　牡丹
　　　　　　　　　　　　　　　　　　龙柏　　　　牡丹　　龙柏
金银木　　贴梗海棠　　　　　　　　　红皮云杉
　　　　　柿树　　　　　　　　　　重瓣榆叶梅
杜仲
　　　　大岛樱 ★
金银木　　?7　　龙柏　　　　　　　　　　华山松
　　　　　　　华山松
杜仲　　　　　桑
　　　　　　紫叶小檗
金银木　　　　　　　　　　西黄松
杜仲　华东椴　金叶女贞　金叶女贞
金银木　　　　　　　　　　　　　　　　　油松　　雪松　　华山松
金丝柳

金银木

华北珍珠梅

杜仲

金钟连翘

眷 19 号楼

金钟花
现代月季
紫荆
金钟花

现代月季　香椿
　　　　石榴　石榴　　　　　　重瓣
'七姊妹' 蔷薇　　　　　　　　　　　　　　葡萄
　　　　石榴　　石榴　海仙花　龙爪槐　海仙花　　　　　海仙花
榆、金叶榆　　　　　　　　　华北珍珠梅　　　　　　　金钟连翘
垂枝榆（嫁接）　　华北珍珠梅　香椿　香椿　　　　　　　?10
紫丁香　　　　　龙爪槐
?9
龙爪槐
　　　　　　　　　　　　　　　　　　龙爪槐
刚竹属竹种　　　　　　　　　华北珍珠梅
?11　　　　　大叶黄杨　　阿穆尔小檗（黄芦木）
　　　香椿　杜仲　　　　　　　　　　　　金叶女贞

54

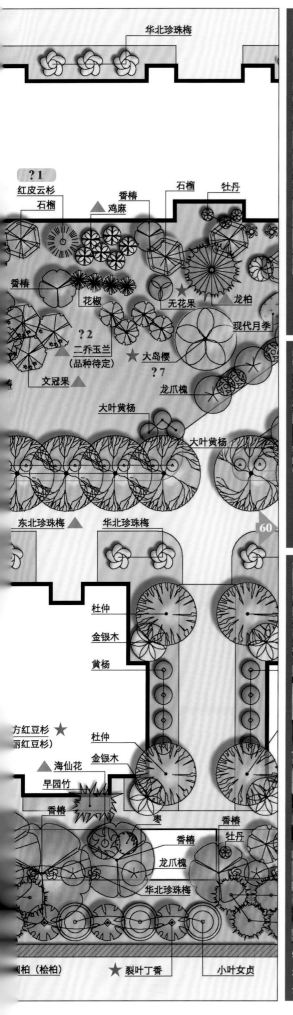

华北珍珠梅

?1

红皮云杉
石榴
香椿
鸡麻
石榴
牡丹
香椿
花椒
龙柏
无花果
?2
二乔玉兰
（品种待定）
?7
文冠果
★ 大岛樱
现代月季
龙爪槐
大叶黄杨
大叶黄杨
大叶黄杨
东北珍珠梅
华北珍珠梅
60
方红豆杉 ★
丽红豆杉）
杜仲
金银木
黄杨
杜仲
金银木
海仙花
早园竹
香椿
枣
香椿
香椿
牡丹
龙爪槐
华北珍珠梅
柏（松柏）
★ 裂叶丁香
小叶女贞

大岛樱 　★ 94 　?7

蔷薇科 樱属 *Cerasus speciosa*
分布：P58、59

南方红豆杉（美丽红豆杉） ★ 21a

红豆杉科 红豆杉属
Taxus wallichiana var. *mairei*
分布：P59（图书馆 - 卷 19 号楼）

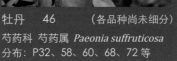

牡丹 　46 　（各品种尚未细分）

芍药科 芍药属 *Paeonia suffruticosa*
分布：P32、58、60、68、72 等

阿穆尔小檗（黄芦木） ★ 30

小檗科 小檗属 *Berberis amurensis*
分布：P58（图书馆 - 卷 19 号楼）

裂叶丁香 　★ 172

木犀科 丁香属 *Syringa laciniata*
分布：P59（图书馆 - 卷 19 号楼）

西黄松 　▲ 8

松科 松属 *Pinus ponderosa*
分布：P28（正门西）、58（卷 17 号楼南）

金钟花 　▲ 176 　?10

木犀科 连翘属 *Forsythia viridissima*
分布：P58（卷 19 号楼西）等

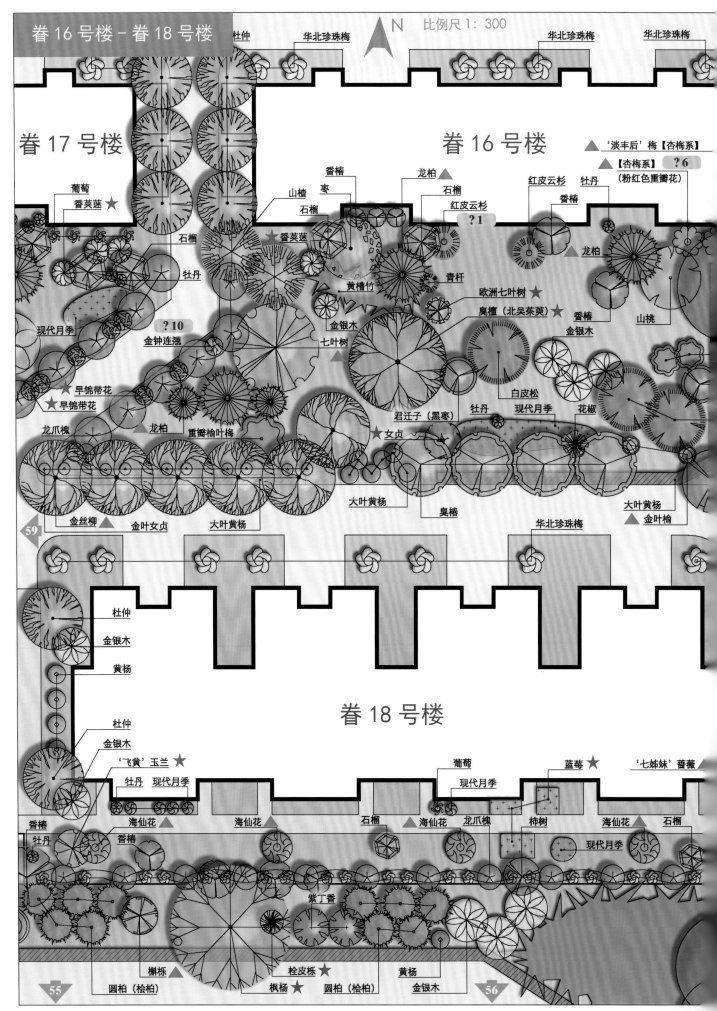

眷 16 号楼 – 眷 18 号楼

N 比例尺 1：300

眷 17 号楼

眷 16 号楼

眷 18 号楼

杜仲　华北珍珠梅　　　　　　　华北珍珠梅　华北珍珠梅

'淡丰后'梅【杏梅系】
【杏梅系】 ？6
（粉红色重瓣花）

葡萄
香荚蒾 ★

香椿
枣
山楂　　石榴

龙柏 ▲
石榴
红皮云杉
？1

龙柏
石榴

红皮云杉　牡丹
香椿

石榴
牡丹

香荚蒾

黄槽竹

青杆

龙柏 ▲
山桃

欧洲七叶树 ★
臭檀（北吴茱萸）★
香椿
金银木

现代月季
金钟连翘
？10

金银木

七叶树

早锦带花 ★
早锦带花 ★

白皮松
牡丹　现代月季　花椒

龙爪槐
龙柏 ▲
重瓣榆叶梅

君迁子（黑枣）
女贞 ★

大叶黄杨
金丝柳 ▲　金叶女贞　　大叶黄杨

大叶黄杨
臭椿
华北珍珠梅

大叶黄杨 ▲　金叶榆

59

杜仲
金银木
黄杨

杜仲
金银木
'飞黄'玉兰 ★
牡丹　现代月季

葡萄
现代月季

蓝莓 ★
'七姊妹'蔷薇

香椿
牡丹
香椿
海仙花 ▲
海仙花 ▲
石榴
海仙花 ▲
龙爪槐
柿树
海仙花 ▲
石榴

现代月季

紫丁香

槲栎 ▲
圆柏（桧柏）

栓皮栎 ★
枫杨 ★　圆柏（桧柏）

黄杨
金银木

55

56

枫杨 ★ 39

胡桃科 枫杨属 *Pterocarya stenoptera*
分布：P60（图书馆 - 眷 18 号楼）

臭檀（北吴茱萸）★ 156

芸香科 吴茱萸属 *Tetradium daniellii*
分布：P60（眷 16 号楼南）、72（眷 3 号楼南）

金丝柳（金丝垂柳）▲ 58a

杨柳科 柳属 *Salix alba* 'Tristis'
分布：P58、60（眷 16、17 号楼 - 眷 18、19 号楼）

蓝莓 59

杜鹃花科 越橘属（乌饭树属）
Vaccinium corymbosum
分布：P60（图书馆 - 眷 18 号楼）

东北珍珠梅 ▲ 73

蔷薇科 珍珠梅属 *Sorbaria sorbifolia*
分布：P21、25、59、61

'飞黄' 玉兰（黄花玉兰） 23a

木兰科 玉兰属 *Yulania denudata* 'Feihuang'
分布：P8（待定）、20（待定）、60

香荚蒾（香探春）★ 193

忍冬科 荚蒾属 *Viburnum farreri*
分布：P60（眷 16、17 号楼 - 眷 18、19 号楼）

海仙花 ▲ 191

忍冬科 锦带花属 *Weigela coraeensis*
分布：P58、60（图书馆 - 眷 18、19 号楼）

早锦带花（毛叶锦带花）★ 190

忍冬科 锦带花属 *Weigela praecox*
分布：P60（眷 16、17 号楼 - 眷 18、19 号楼）

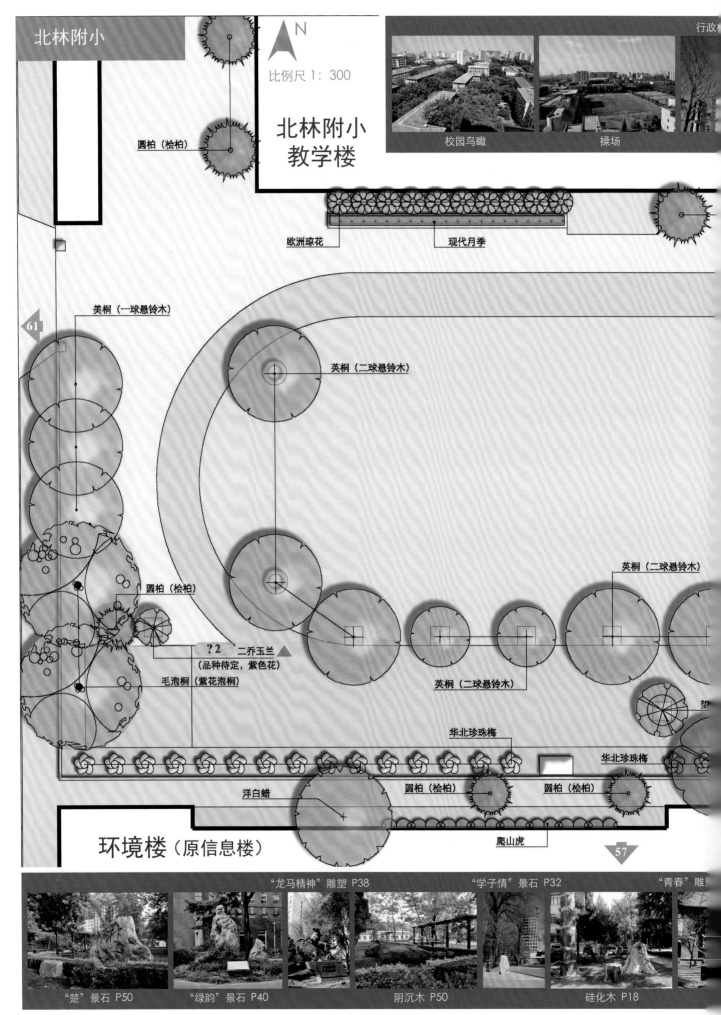

北林附小

比例尺 1：300

北林附小
教学楼

校园鸟瞰　　　　操场

行政楼

圆柏（桧柏）

欧洲琼花　　　　　现代月季

61

美桐（一球悬铃木）

英桐（二球悬铃木）

圆柏（桧柏）

英桐（二球悬铃木）

?2 二乔玉兰
（品种待定，紫色花）

毛泡桐（紫花泡桐）

英桐（二球悬铃木）

望

华北珍珠梅

华北珍珠梅

圆柏（桧柏）

圆柏（桧柏）

洋白蜡

爬山虎

57

环境楼（原信息楼）

"龙马精神"雕塑 P38　　　　"学子情"景石 P32　　　　"青春"雕

"楚"景石 P50　　　　"绿韵"景石 P40　　　　阴沉木 P50　　　　硅化木 P18

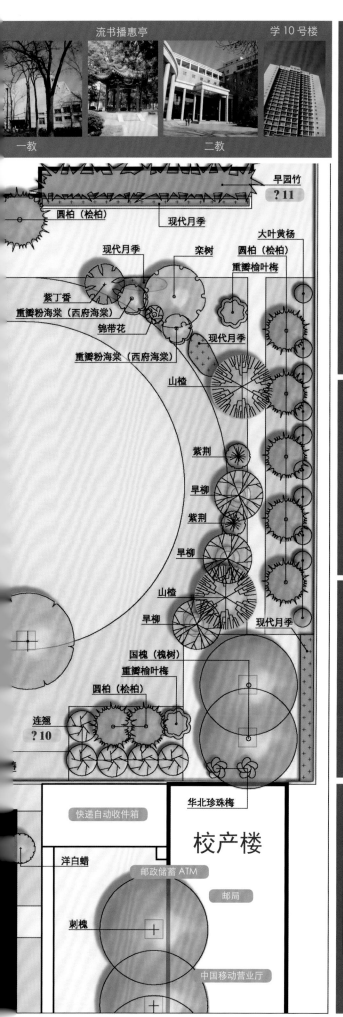

一教　　　　　二教

早园竹 **?11**

圆柏（桧柏）　　　现代月季

大叶黄杨

现代月季　　栾树　　圆柏（桧柏）

紫丁香　　　　　　　　　重瓣榆叶梅

重瓣粉海棠（西府海棠）

锦带花　　　　　现代月季

重瓣粉海棠（西府海棠）

山楂

紫荆

旱柳

紫荆

旱柳

山楂

旱柳　　　　　　现代月季

国槐（槐树）

重瓣榆叶梅

圆柏（桧柏）

连翘 **?10**

快递自动收件箱　　华北珍珠梅

洋白蜡

校产楼

邮政储蓄 ATM

邮局

刺槐

中国移动营业厅

毛泡桐（紫花泡桐）　　184
玄参科　泡桐属　*Paulownia tomentosa*
分布：P48、62、73、76、77、81、82 等

华北珍珠梅（珍珠梅）　　72
蔷薇科　珍珠梅属　*Sorbaria kirilowii*
分布：P21、39、57、58、62 等

旱园竹（沙竹）　　201　**?11**
禾本科　刚竹属　*Phyllostachys propinqua*
分布：P8、41、59、63（待定）、80 等

龙柏　▲ 14a
柏科　刺柏属　*Juniperus chinensis* 'Kaizuca'
分布：P38、58、60、77

操场

北京林业大学突出固有的森林培育、水土保持与荒漠化防治、园林植物与观赏园艺、林木遗传育种等国家级重科的特色，使学校保持 6-8 个在学术上国内领先国际知名的特色学科。通过大量高水平科学研究项目的开展，培造就了一批知名的科学家和中青年学者，本校已有沈国舫、关君蔚、陈俊愉、朱之悌、孟兆祯、尹伟伦等多位教

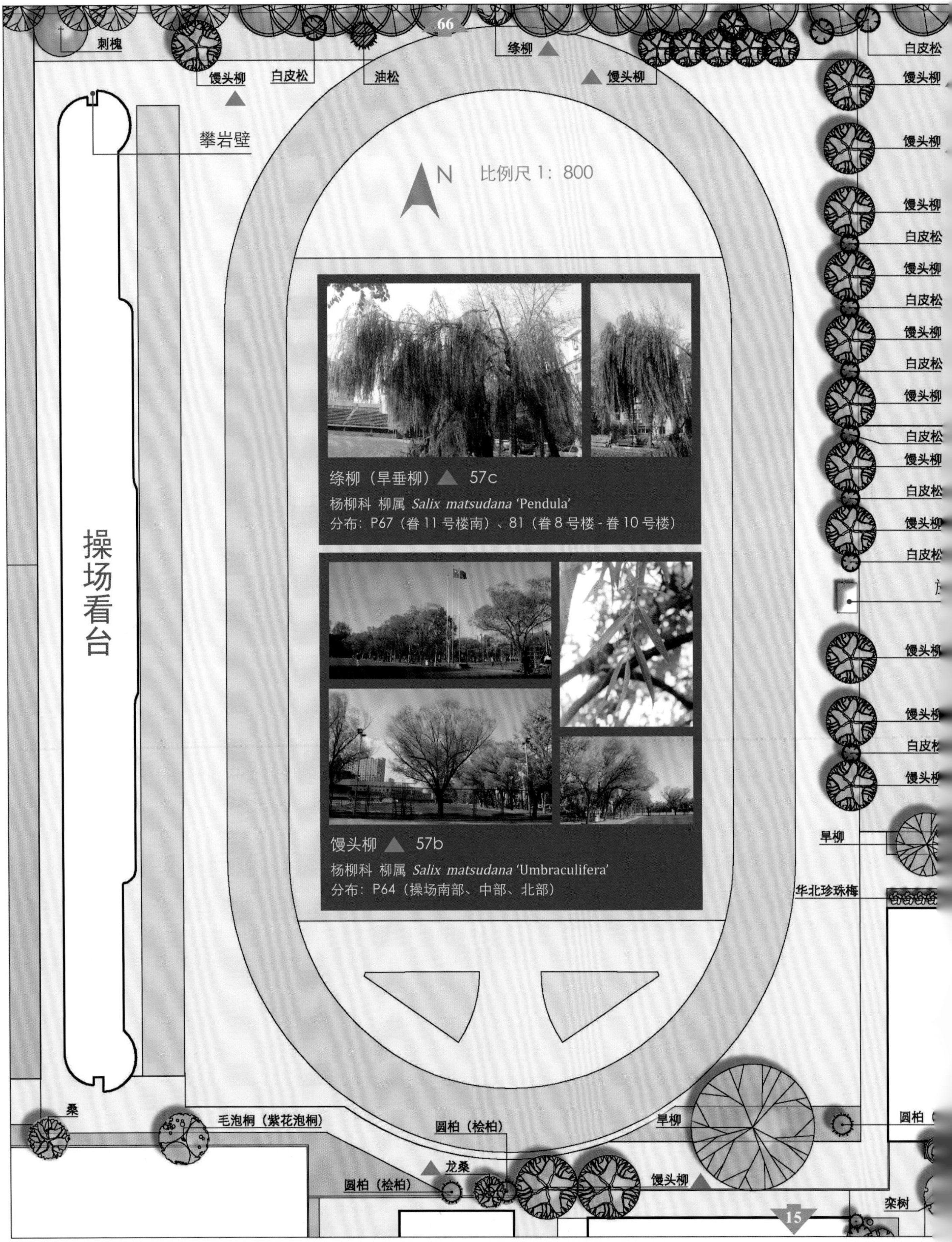

66
刺槐
馒头柳
白皮松
油松
绦柳
馒头柳
白皮松
馒头柳
攀岩壁
N
比例尺 1：800
操场看台
白皮松
旱柳
华北珍珠梅
桑
毛泡桐（紫花泡桐）
圆柏（桧柏）
龙桑
圆柏（桧柏）
旱柳
馒头柳
圆柏
栾树
15

绦柳（旱垂柳） 57c
杨柳科 柳属 *Salix matsudana* 'Pendula'
分布：P67（卷 11 号楼南）、81（卷 8 号楼 - 卷 10 号楼）

馒头柳 57b
杨柳科 柳属 *Salix matsudana* 'Umbraculifera'
分布：P64（操场南部、中部、北部）

国工程院院士，另有多位教授荣获国家级有突出贡献的中青年专家称号。走进北林，发现绿色之美、科技之趣、人文之韵。这所中国最高绿色学府，经过六十余年的耕耘与探索，将继续书写"知山知水，树木树人"的传奇。

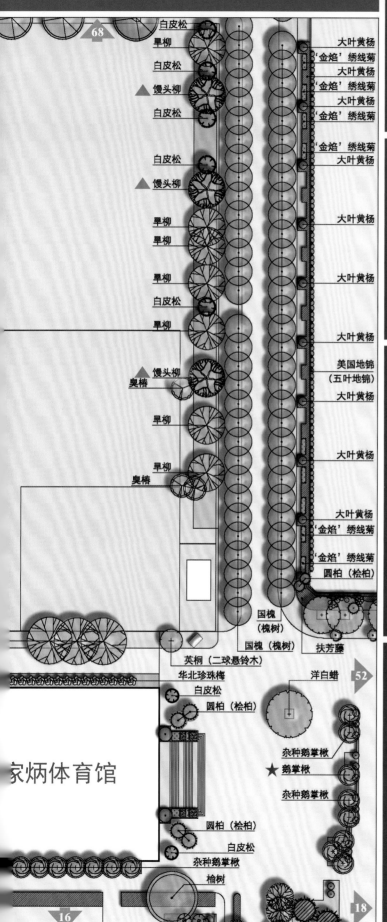

68

白皮松
旱柳
白皮松
馒头柳 ▲
白皮松

白皮松

馒头柳 ▲

旱柳
旱柳
旱柳
白皮松
旱柳

馒头柳 ▲
臭椿

旱柳

旱柳
臭椿

国槐
（槐树）

国槐（槐树）
扶芳藤

英桐（二球悬铃木）
华北珍珠梅
白皮松
圆柏（桧柏）

家炳体育馆

杂种鹅掌楸
鹅掌楸 ★
杂种鹅掌楸

圆柏（桧柏）
白皮松
杂种鹅掌楸
榆树

16

大叶黄杨
'金焰'绣线菊
大叶黄杨
'金焰'绣线菊
大叶黄杨
'金焰'绣线菊
大叶黄杨

大叶黄杨

大叶黄杨

大叶黄杨

大叶黄杨

美国地锦
（五叶地锦）
大叶黄杨

大叶黄杨

大叶黄杨
'金焰'绣线菊
'金焰'绣线菊
圆柏（桧柏）

洋白蜡

52

18

桑（家桑、白桑）　35
桑科　桑属　*Morus alba*
分布：P39、49、64、68、76 等

龙桑 ▲　35a
桑科　桑属　*Morus alba* 'Tortuosa'
分布：P21、32、64、79

爬山虎（爬墙虎、地锦）　139
葡萄科　爬山虎属　*Parthenocissus tricuspidata*
分布：P5、7、10、53、71 等

美国地锦（五叶地锦）　140
葡萄科　爬山虎属　*Parthenocissus quinquefolia*
分布：P4、28、30、39、65、66 等

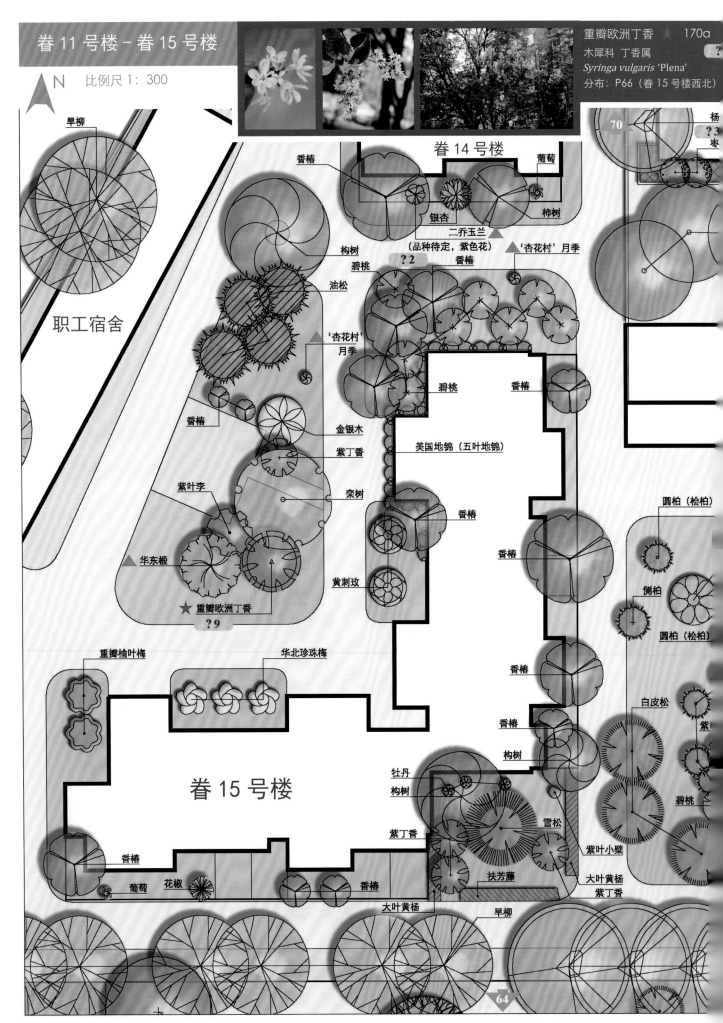

N 比例尺 1: 300

重瓣欧洲丁香 ★ 170a
木犀科 丁香属
Syringa vulgaris 'Plena'
分布: P66 (眷 15 号楼西北)

70

眷 14 号楼

香椿
葡萄
银杏
柿树
二乔玉兰
（品种待定，紫色花）
'杏花村'月季
?2
香椿
构树
碧桃
油松
碧桃
香椿
'杏花村'
月季
职工宿舍
香椿
金银木
紫丁香
美国地锦（五叶地锦）
紫叶李
栾树
香椿
香椿
圆柏（桧柏）
侧柏
华东椴
圆柏（桧柏）
黄刺玫
★ 重瓣欧洲丁香
?9
香椿
重瓣榆叶梅
华北珍珠梅
香椿
构树
白皮松
眷 15 号楼
牡丹
构树
雪松
碧桃
紫丁香
紫叶小檗
香椿
葡萄
花椒
扶芳藤
大叶黄杨
紫丁香
大叶黄杨
旱柳
64

枣
旱柳

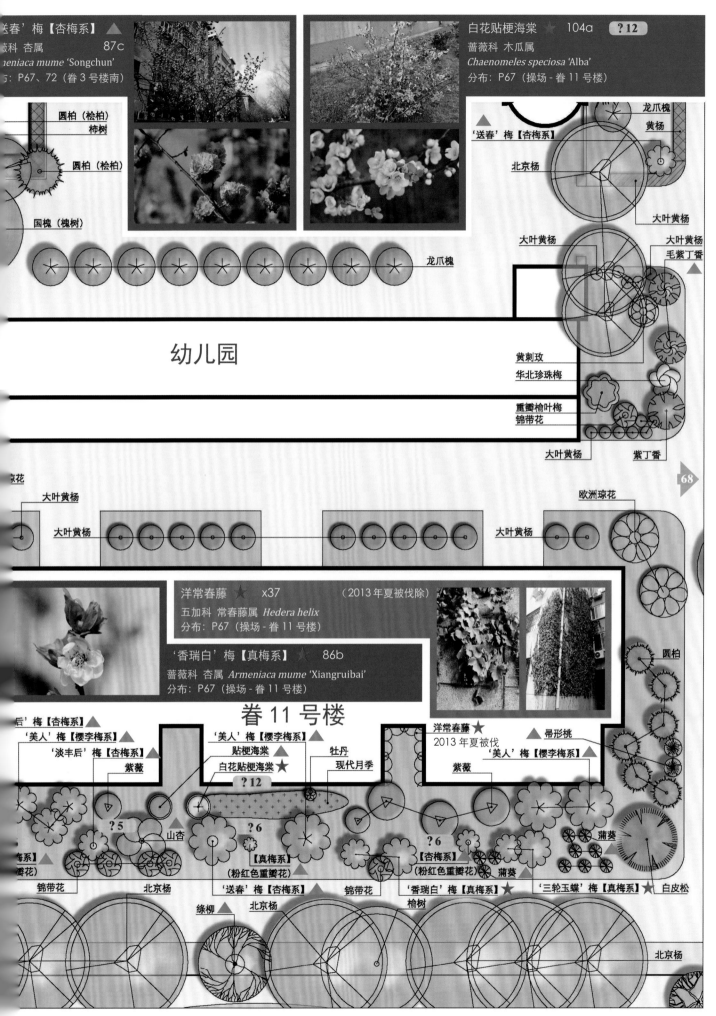

'送春'梅【杏梅系】 ▲

薇科 杏属　　　　　　　87c

meniaca mume 'Songchun'

：P67、72（卷3号楼南）

白花贴梗海棠 ★　104a　　**？12**

蔷薇科 木瓜属

Chaenomeles speciosa 'Alba'

分布：P67（操场 - 卷11号楼）

圆柏（桧柏）

柿树

圆柏（桧柏）

国槐（槐树）

龙爪槐

龙爪槐

黄杨

北京杨

'送春'梅【杏梅系】

大叶黄杨

大叶黄杨

大叶黄杨

毛紫丁香

幼儿园

黄刺玫

华北珍珠梅

重瓣榆叶梅

锦带花

大叶黄杨

紫丁香

大叶黄杨

花

大叶黄杨

大叶黄杨

欧洲琼花

大叶黄杨

68

洋常春藤 ★　x37　　（2013年夏被伐除）

五加科 常春藤属 *Hedera helix*

分布：P67（操场 - 卷11号楼）

'香瑞白'梅【真梅系】 ★　86b

蔷薇科 杏属 *Armeniaca mume* 'Xiangruibai'

分布：P67（操场 - 卷11号楼）

圆柏

卷 11 号楼

后'梅【杏梅系】 ▲

'美人'梅【樱李梅系】 ▲

'淡丰后'梅【杏梅系】 ▲

紫薇

'美人'梅【樱李梅系】 ▲

贴梗海棠 ▲

白花贴梗海棠 ★

？12

牡丹

现代月季

洋常春藤 ★

2013年夏被伐

'美人'梅【樱李梅系】 ▲

紫薇

帚形桃 ▲

？5

山杏

？6

【真梅系】

（粉红色重瓣花）▲

？6

【杏梅系】

（粉红色重瓣花）▲

蒲葵

蒲葵

白皮松

薇系 ▲

花）

锦带花

北京杨

'送春'梅【杏梅系】 ▲

绦柳 ▲

北京杨

锦带花

榆树

'香瑞白'梅【真梅系】 ★

'三轮玉蝶'梅【真梅系】 ★

北京杨

北京杨

酸枣　136a

鼠李科 枣属 *Ziziphus jujuba* var. *spinosa*
分布：P68（操场-眷1号楼）

黄槽竹　202

禾本科 刚竹属 *Phyllostachys aureosulcata*
分布：P60、68、71、72、79

沙兰杨　53a

杨柳科 杨属
Populus × canadensis 'Sacrau 79'
分布：P69（操场-眷1号楼）

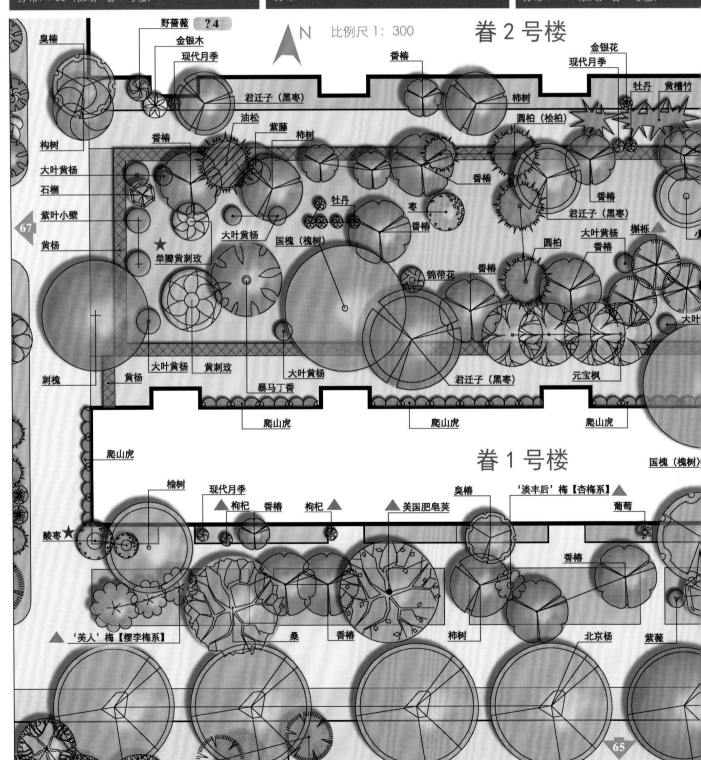

比例尺 1：300

眷2号楼

眷1号楼

'丰后'梅【杏梅系】 ▲ 87b

科 杏属 *Armeniaca mume* 'Danfenghou'
: P60、67、68、73

槲栎 ▲ 41

壳斗科 栎属 *Quercus aliena*
分布: P60（图书馆 - 眷18号楼）、68（眷2号楼南）

金叶复叶槭（金叶梣叶槭）★ 149a

槭树科 槭树属 *Acer negundo* 'Aureum'
分布: P69（操场 - 眷1号楼）

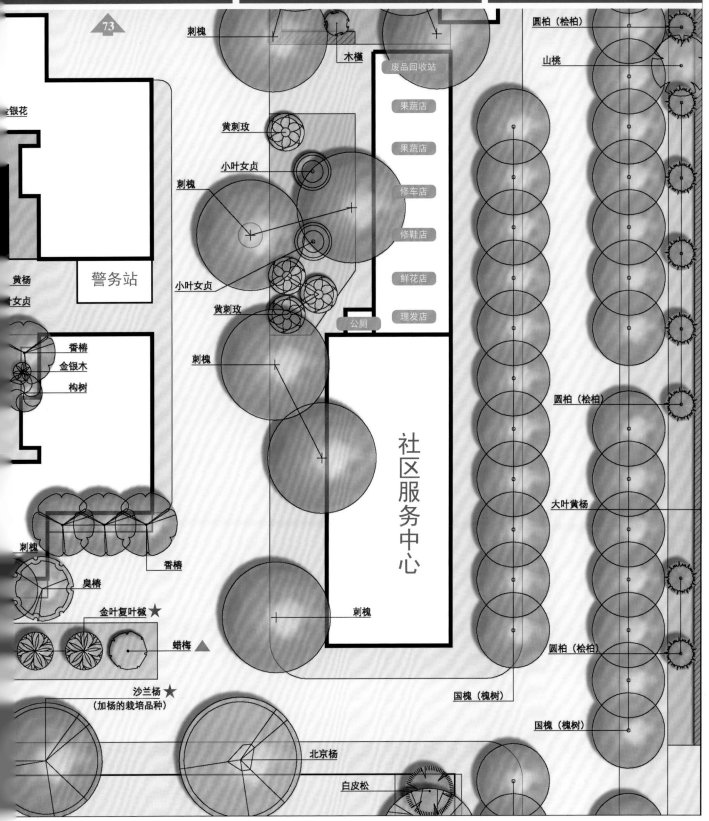

73

刺槐

木槿

废品回收站

果蔬店

果蔬店

黄刺玫

小叶女贞

刺槐

修车店

修鞋店

小叶女贞

鲜花店

黄刺玫

理发店

公厕

刺槐

金银花

黄杨

女贞

警务站

香椿

金银木

构树

社区服务中心

刺槐

圆柏（桧柏）

山桃

圆柏（桧柏）

大叶黄杨

刺槐

香椿

臭椿

金叶复叶槭 ★

蜡梅 ▲

圆柏（桧柏）

沙兰杨 ★
（加杨的栽培品种）

刺槐

国槐（槐树）

北京杨

白皮松

国槐（槐树）

櫻桃 ▲ 93
蔷薇科 樱属 *Cerasus pseudocerasus*
分布：P70（幼儿园 - 眷 12 号楼）、
　　　73（眷 2 号楼 - 眷 3 号楼）

蒲葵 ▲ 198
棕榈科 蒲葵属 *Livistona chinensis*
分布：P67、71

白花山桃 ★ x20a
蔷薇科 桃属 　　（2014 年秋被移除）
Amygdalus davidiana 'Alba'
分布：P70（幼儿园西）

玫瑰 ▲ 77
蔷薇科 蔷薇属 *Rosa rugosa*
分布：P19（生物楼 - 行政楼）、71（眷 12 号楼南）、72（眷 3 号楼南）

桃 ▲ 89
蔷薇科 桃属 *Amygdalus persica*
分布：P7、12、70、75、80

宁夏枸杞（中宁枸杞）
茄科 枸杞属 *Lycium barbarum*
分布：P71（幼儿园 - 眷 12 号楼）

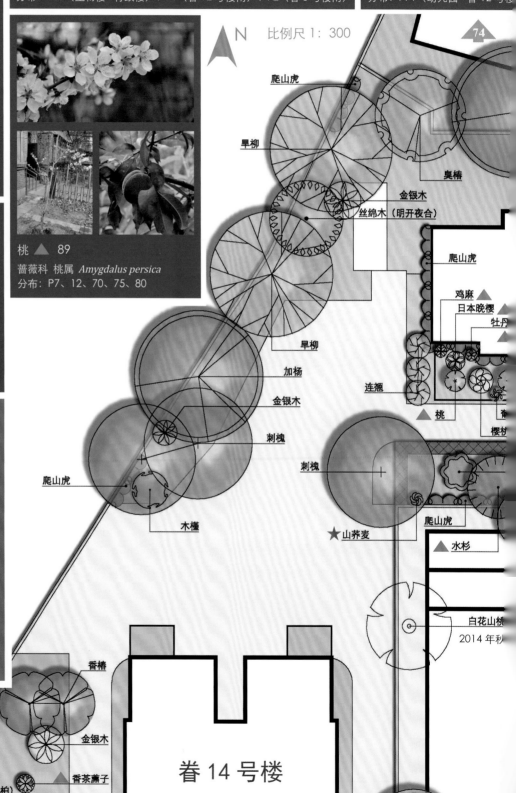

N　　　比例尺 1：300

74

爬山虎
旱柳
臭椿
金银木
丝绵木（明开夜合）
爬山虎
鸡麻 ▲
日本晚樱
牡丹
旱柳
加杨
金银木
连翘
桃 ▲
樱桃
刺槐
刺槐
爬山虎
木槿
爬山虎
★ 山荞麦
▲ 水杉
白花山桃
2014 年秋
香椿
金银木
香茶藨子 ▲
圆柏（桧柏）

眷 14 号楼

66

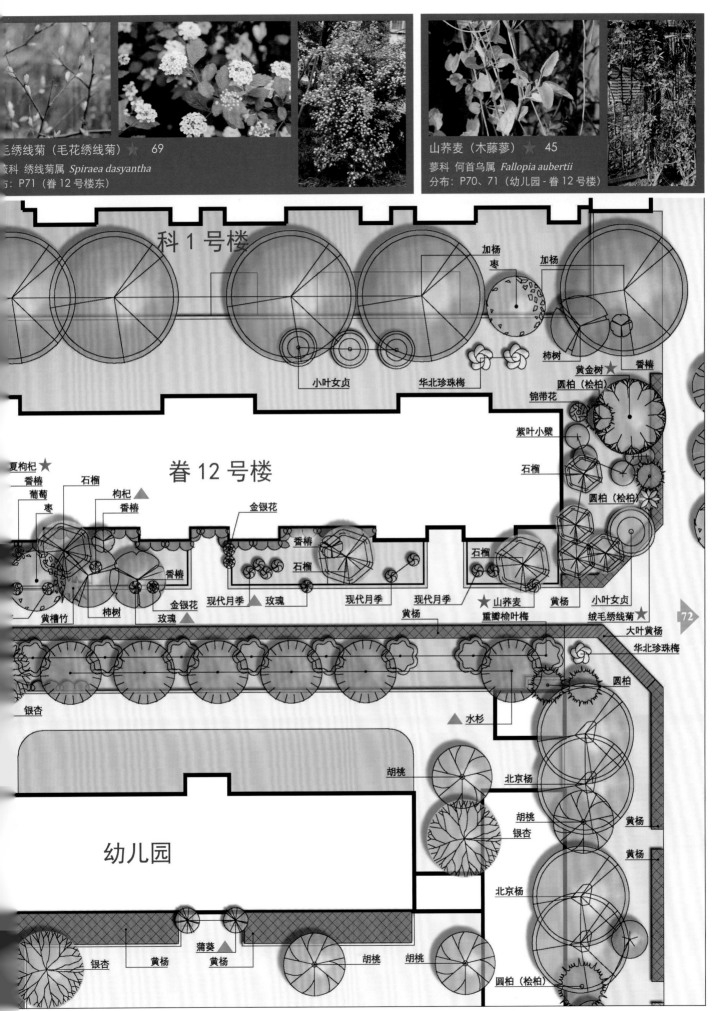

三绣线菊（毛花绣线菊）★ 69
蔷薇科 绣线菊属 *Spiraea dasyantha*
布：P71（眷 12 号楼东）

山荞麦（木藤蓼）★ 45
蓼科 何首乌属 *Fallopia aubertii*
分布：P70、71（幼儿园 - 眷 12 号楼）

科 1 号楼

加杨
枣
加杨

小叶女贞　　华北珍珠梅

柿树
黄金树　香椿
圆柏（桧柏）
锦带花
紫叶小檗
石榴
圆柏（桧柏）

眷 12 号楼

夏枸杞 ★
香椿
石榴
葡萄
枸杞 ▲
枣
香椿
金银花
香椿
石榴

黄槽竹
黄杨
柿树
金银花
玫瑰 ▲
玫瑰 ▲
现代月季 ▲
现代月季
现代月季
石榴
黄杨
★ 山荞麦
重瓣榆叶梅
小叶女贞
黄杨
绒毛绣线菊 ★
大叶黄杨
华北珍珠梅
圆柏

72

银杏

▲ 水杉

幼儿园

胡桃
北京杨
胡桃
银杏
黄杨
黄杨
北京杨

蒲葵 ▲
银杏　黄杨　黄杨　　　胡桃　胡桃
圆柏（桧柏）

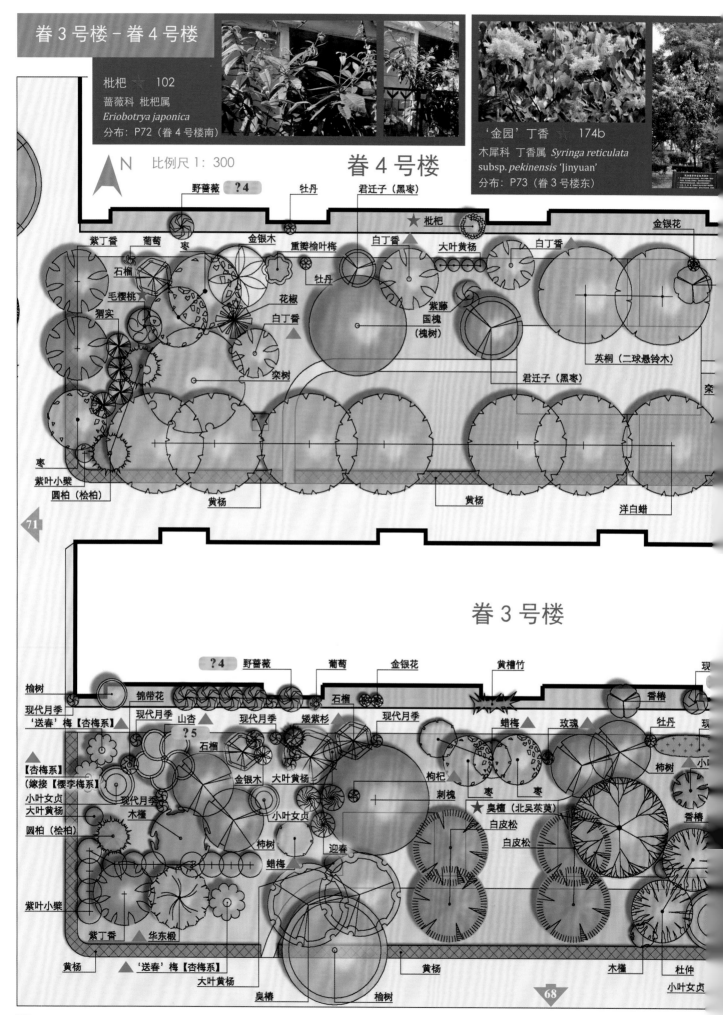

枇杷 ★ 102
蔷薇科 枇杷属
Eriobotrya japonica
分布：P72（眷 4 号楼南）

'金园'丁香 ★ 174b
木犀科 丁香属 *Syringa reticulata*
subsp. *pekinensis* 'Jinyuan'
分布：P73（眷 3 号楼东）

N 比例尺 1：300

眷 4 号楼

野蔷薇 ? 4　牡丹　君迁子（黑枣）

★ 枇杷

紫丁香　葡萄　枣　金银木　重瓣榆叶梅　白丁香　大叶黄杨　白丁香　金银花

石榴
毛樱桃　　　　　　　　牡丹
猬实　　　　　　　　　花椒
白丁香　　　　紫藤
　　　　　　　国槐
　　　　　　　（槐树）

英桐（二球悬铃木）
君迁子（黑枣）
栾树

枣　　　　　　　　　　　　　　　　　　　　栾
紫叶小檗
圆柏（桧柏）　　黄杨　　　　　　黄杨　　　　　洋白蜡

71

眷 3 号楼

? 4　野蔷薇　葡萄　金银花　黄槽竹　　　现

榆树　　　锦带花　　　　石榴　　　　　　　　　香椿
现代月季　现代月季　山杏　现代月季　矮紫杉　现代月季　蜡梅　玫瑰　牡丹　现
'送春'梅【杏梅系】
? 5
　　　　　石榴
【杏梅系】　　金银木　大叶黄杨　　　　　　枸杞　　　枣　枣　　柿树　小
（嫁接【樱李梅系】）　　　　　　　　　刺槐
小叶女贞　现代月季　　小叶女贞　　　　★ 臭檀（北吴茱萸）　　香椿
大叶黄杨　木槿
圆柏（桧柏）　　　柿树　　迎春　　　　白皮松
　　　　　蜡梅　　　　　　白皮松
紫叶小檗

紫丁香　华东椴

黄杨　'送春'梅【杏梅系】　　黄杨　　　　　木槿　　杜仲
大叶黄杨　　臭椿　榆树　　　　68　　　　　　　小叶女贞

械 ★ 146a
科 槭树属 *Acer tataricum* subsp. *ginnala*
：P73（卷 3 号楼东）

枸杞 ▲ 160
茄科 枸杞属 *Lycium chinense*
分布：P47、68、71、72

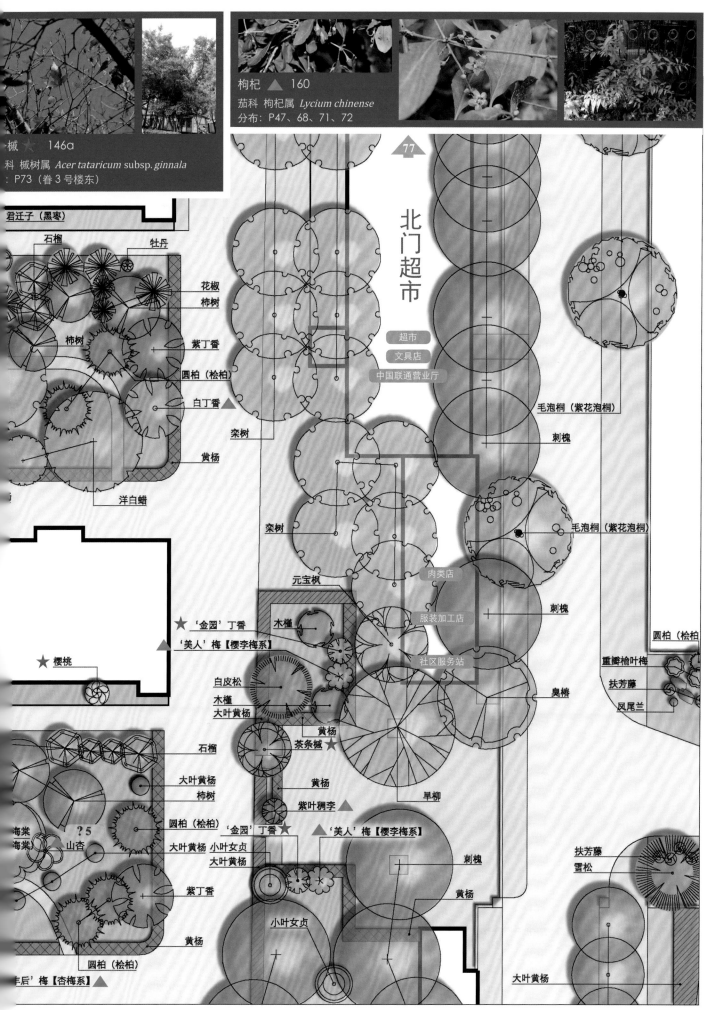

君迁子（黑枣）
石榴
牡丹
花椒
柿树
柿树
紫丁香
圆柏（桧柏）
白丁香 ▲
栾树
黄杨
洋白蜡

栾树
元宝枫

77
北门超市
超市
文具店
中国联通营业厅

毛泡桐（紫花泡桐）
刺槐

毛泡桐（紫花泡桐）
肉类店
服装加工店
社区服务站
刺槐
圆柏（桧柏）
重瓣榆叶梅
扶芳藤
凤尾兰
臭椿

'金园'丁香 ★
'美人'梅【樱李梅系】▲
★ 樱桃
木槿
白皮松
木槿
大叶黄杨
黄杨
茶条械 ★
黄杨
紫叶稠李 ▲
早柳

石榴
大叶黄杨
柿树
圆柏（桧柏）
'金园'丁香 ★　▲'美人'梅【樱李梅系】
大叶黄杨 小叶女贞
大叶黄杨
紫丁香
刺槐
黄杨
海棠
海棠 山杏
？5
黄杨
圆柏（桧柏）
后'梅【杏梅系】▲
小叶女贞
扶芳藤
雪松
大叶黄杨

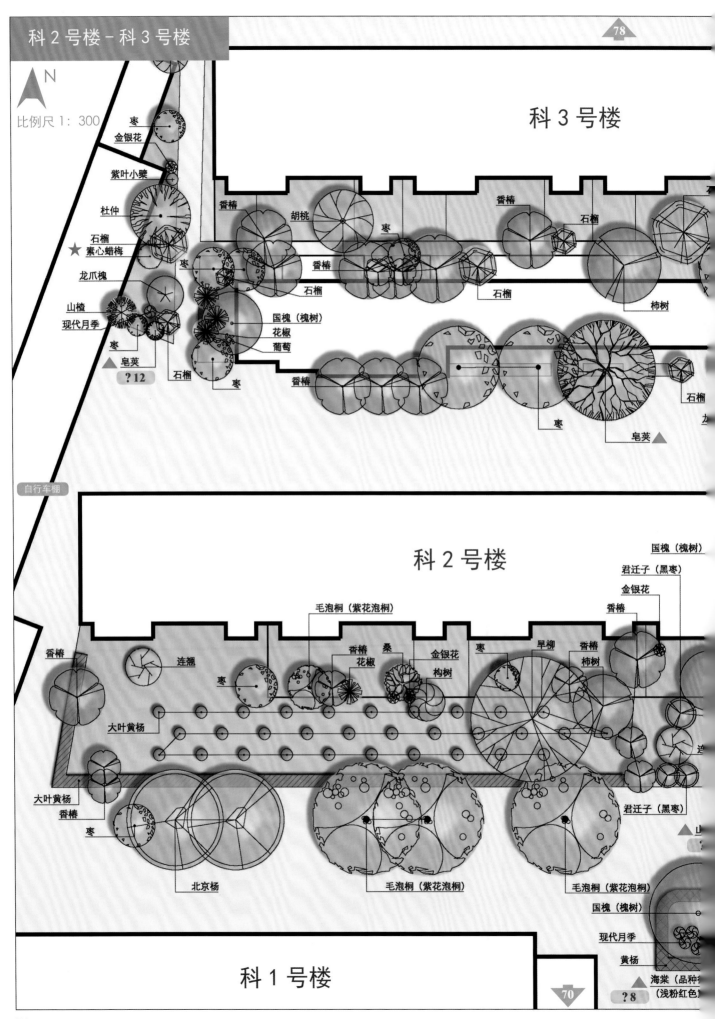

N
比例尺 1：300

枣
金银花

紫叶小檗

杜仲

石榴
素心蜡梅

龙爪槐

山楂
现代月季
枣

皂荚
? 12

石榴
枣

香椿
香椿
石榴
枣

胡桃
枣

国槐（槐树）
花椒
葡萄

香椿

科 3 号楼

香椿
石榴

石榴

柿树

枣

石榴

皂荚

自行车棚

科 2 号楼

国槐（槐树）
君迁子（黑枣）
金银花
香椿

毛泡桐（紫花泡桐）

香椿
连翘
枣

香椿
花椒
桑
构树

金银花

枣
旱柳
香椿
柿树

君迁子（黑枣）

大叶黄杨

大叶黄杨
香椿
枣

北京杨

毛泡桐（紫花泡桐）

毛泡桐（紫花泡桐）
国槐（槐树）

现代月季
黄杨

海棠（品种
（浅粉红色
? 8

科 1 号楼
70

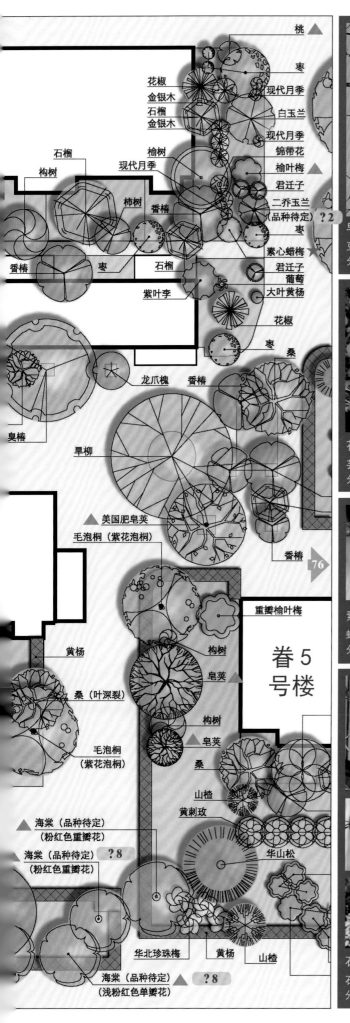

桃 ▲

枣

花椒
金银木
石榴
金银木

现代月季
白玉兰
现代月季
锦带花
榆叶梅 ▲

石榴
构树
榆树
现代月季

柿树
香椿

香椿   枣   石榴

紫叶李

君迁子
二乔玉兰
（品种待定）?2

枣

素心蜡梅 ▶

君迁子
葡萄
大叶黄杨

花椒

枣
桑

龙爪槐   香椿

臭椿

旱柳

▲ 美国肥皂荚
毛泡桐（紫花泡桐）

香椿

76

重瓣榆叶梅

黄杨

构树

皂荚

桑（叶深裂）

构树

毛泡桐
（紫花泡桐）

▲ 皂荚

桑

山楂

黄刺玫

海棠（品种待定）
（粉红色重瓣花）

海棠（品种待定）?8
（粉红色重瓣花）

华山松

华北珍珠梅   黄杨   山楂

海棠（品种待定）▲ ?8
（浅粉红色单瓣花）

眷5
号楼

皂荚（皂角）▲ 112
豆科／云实科（苏木科）皂荚属 *Gleditsia sinensis*
分布：P31（主楼草坪东）、74（科2号楼-科3号楼）、76（眷5号楼西）

花椒 157
芸香科 花椒属 *Zanthoxylum bungeanum*
分布：P59、60、73、74、79等

素心蜡梅 ★ 28a
蜡梅科 蜡梅属 *Chimonanthus praecox* 'Luteus'
分布：P74（科3号楼西南）、75（科3号楼东南）

石榴（安石榴）125
石榴科 石榴属 *Punica granatum*
分布：P58、60、72、74、79等

葡萄 138
葡萄科 葡萄属 *Vitis vinifera*
分布：P21、58、66、71、79等

N

比例尺1: 300

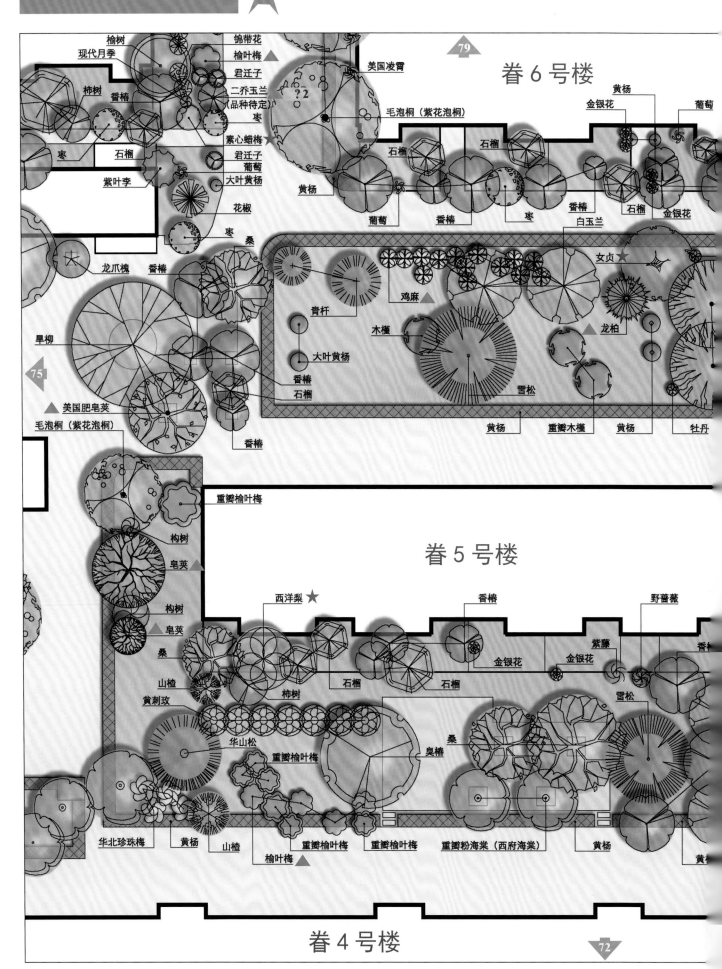

眷6号楼

眷5号楼

眷4号楼

79

75

72

榆树
现代月季
柿树
香椿
枣
石榴
紫叶李
龙爪槐
香椿
旱柳
美国肥皂荚
毛泡桐（紫花泡桐）

锦带花
榆叶梅
君迁子
二乔玉兰（品种待定）
枣
素心蜡梅
君迁子
葡萄
大叶黄杨
花椒
枣
桑
香椿

美国凌霄
?2
毛泡桐（紫花泡桐）
黄杨
石榴
石榴
黄杨
金银花
葡萄
石榴
香椿
枣
香椿
石榴
金银花

白玉兰
女贞 ★
青杆
鸡麻
大叶黄杨
木槿
龙柏
香椿
石榴
雪松
黄杨
重瓣木槿
黄杨
牡丹

重瓣榆叶梅
构树
皂荚
构树
皂荚
桑
山楂
黄刺玫
华山松
重瓣榆叶梅
华北珍珠梅
黄杨
山楂
榆叶梅

西洋梨 ★
柿树
石榴
石榴
臭椿
重瓣榆叶梅
重瓣榆叶梅
重瓣粉海棠（西府海棠）

香椿
金银花
紫藤
金银花
雪松
桑
黄杨

野蔷薇
香椿

76

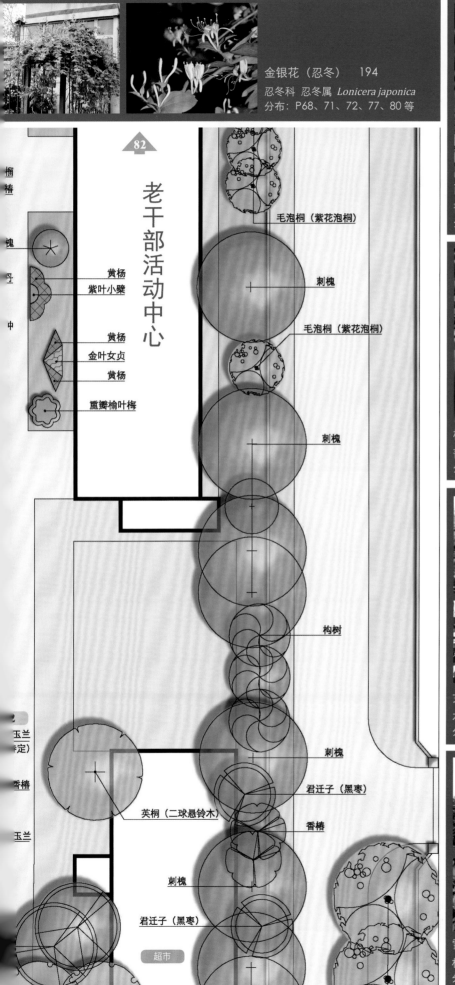

金银花（忍冬）　194

忍冬科　忍冬属　*Lonicera japonica*
分布：P68、71、72、77、80 等

老干部活动中心

毛泡桐（紫花泡桐）

刺槐

毛泡桐（紫花泡桐）

刺槐

构树

刺槐

君迁子（黑枣）

英桐（二球悬铃木）

香椿

刺槐

君迁子（黑枣）

黄杨
紫叶小檗

黄杨
金叶女贞
黄杨

重瓣榆叶梅

榆椿
槐叶中

玉兰（定）

香椿

玉兰

超市

82

西洋梨　★　109a

蔷薇科　梨属　*Pyrus communis* var. *sativa*
分布：P76（眷 4 号楼 - 眷 5 号楼）

榆叶梅　▲　91

蔷薇科　桃属　*Amygdalus triloba*
分布：P18、75、76

女贞　★　164

木犀科　女贞属　*ligustrum lucidum*
分布：P60（眷 16 号楼南）、76（眷 6 号楼南）

雪松　5

松科　雪松属　*Cedrus deodara*
分布：P20、28、48、58、76 等

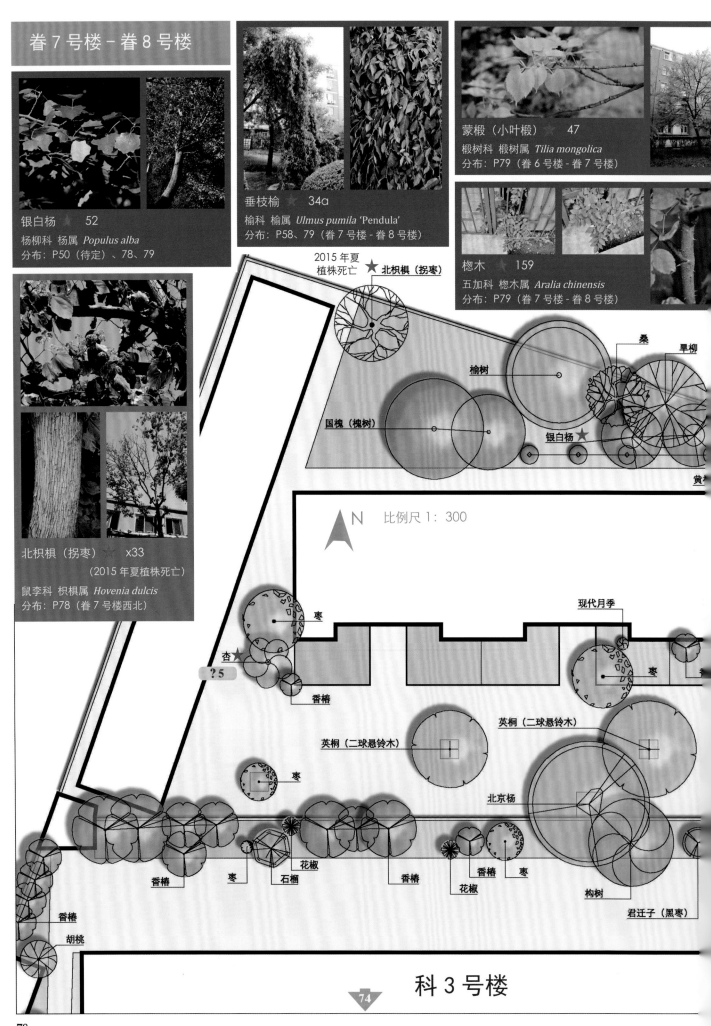

银白杨 ★ 52

杨柳科 杨属 *Populus alba*
分布：P50（待定）、78、79

垂枝榆 34a

榆科 榆属 *Ulmus pumila* 'Pendula'
分布：P58、79（眷 7 号楼 - 眷 8 号楼）

蒙椴（小叶椴）★ 47

椴树科 椴树属 *Tilia mongolica*
分布：P79（眷 6 号楼 - 眷 7 号楼）

楤木 ★ 159

五加科 楤木属 *Aralia chinensis*
分布：P79（眷 7 号楼 - 眷 8 号楼）

北枳椇（拐枣）★ x33

（2015 年夏植株死亡）

鼠李科 枳椇属 *Hovenia dulcis*
分布：P78（眷 7 号楼西北）

2015 年夏
植株死亡
★ 北枳椇（拐枣）

桑
旱柳
榆树
国槐（槐树）
银白杨 ★
黄杨

N 比例尺 1：300

枣
杏 ★
？5
香椿
现代月季
枣
英桐（二球悬铃木）
英桐（二球悬铃木）
枣
北京杨
香椿
枣
花椒
石榴
香椿
香椿
花椒
枣
构树
君迁子（黑枣）
香椿
胡桃

74
科 3 号楼

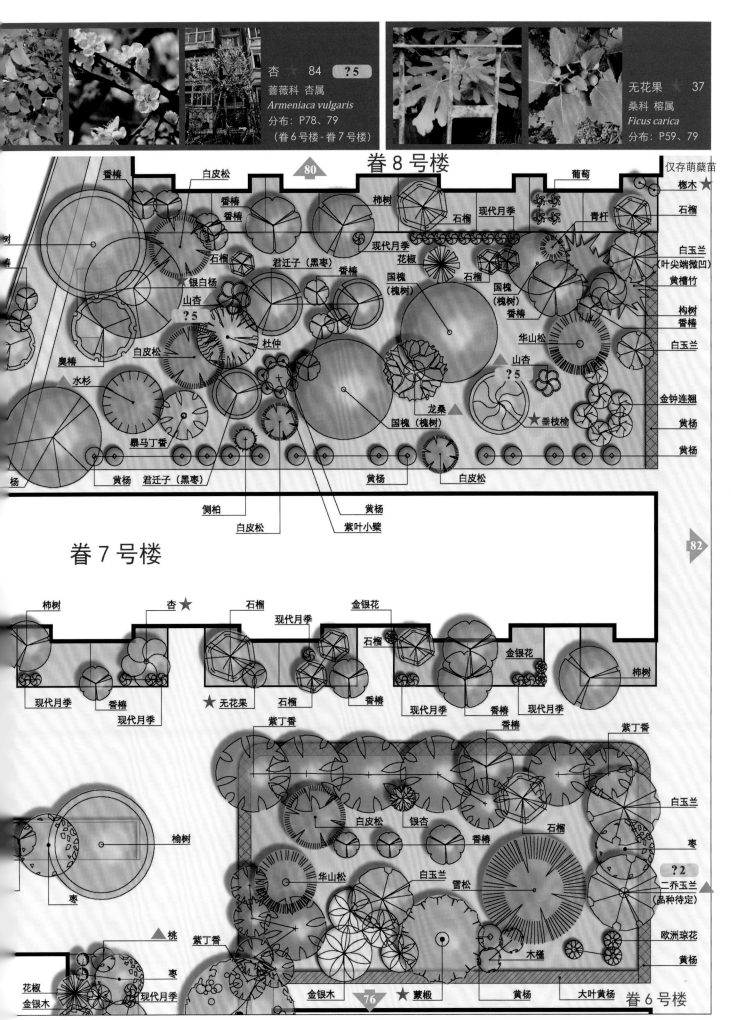

杏 ★ 84 ？5
蔷薇科 杏属
Armeniaca vulgaris
分布：P78、79
（眷6号楼－眷7号楼）

无花果 ★ 37
桑科 榕属
Ficus carica
分布：P59、79

眷8号楼
80

香椿
白皮松
香椿
香椿
柿树
石榴
现代月季
葡萄
青杆
仅存萌蘖苗
栎木 ★
石榴

石榴
君迁子（黑枣）
香椿
现代月季
花椒
石榴
国槐（槐树）
银白杨
山杏 ？5
杜仲
华山松
白玉兰（叶尖端微凹）
黄槽竹
构树
香椿
白玉兰
臭椿
白皮松
山杏 ？5
龙桑
金钟连翘
水杉
国槐（槐树）
垂枝榆 ★
黄杨
暴马丁香
黄杨
杨
黄杨 君迁子（黑枣）
黄杨
白皮松
侧柏
黄杨
白皮松
紫叶小檗

82

眷7号楼

柿树
杏 ★
石榴
金银花
现代月季
石榴
金银花
柿树
现代月季
香椿
★ 无花果
石榴
香椿
现代月季
香椿
现代月季
现代月季

紫丁香
紫丁香
白玉兰
榆树
白皮松
银杏
香椿
石榴
枣
华山松
白玉兰
雪松
？2
二乔玉兰（品种待定）
枣
欧洲琼花
桃
紫丁香
木槿
黄杨
花椒
金银木
现代月季
枣
金银木
76
★ 蒙椴
黄杨
大叶黄杨
眷6号楼

79

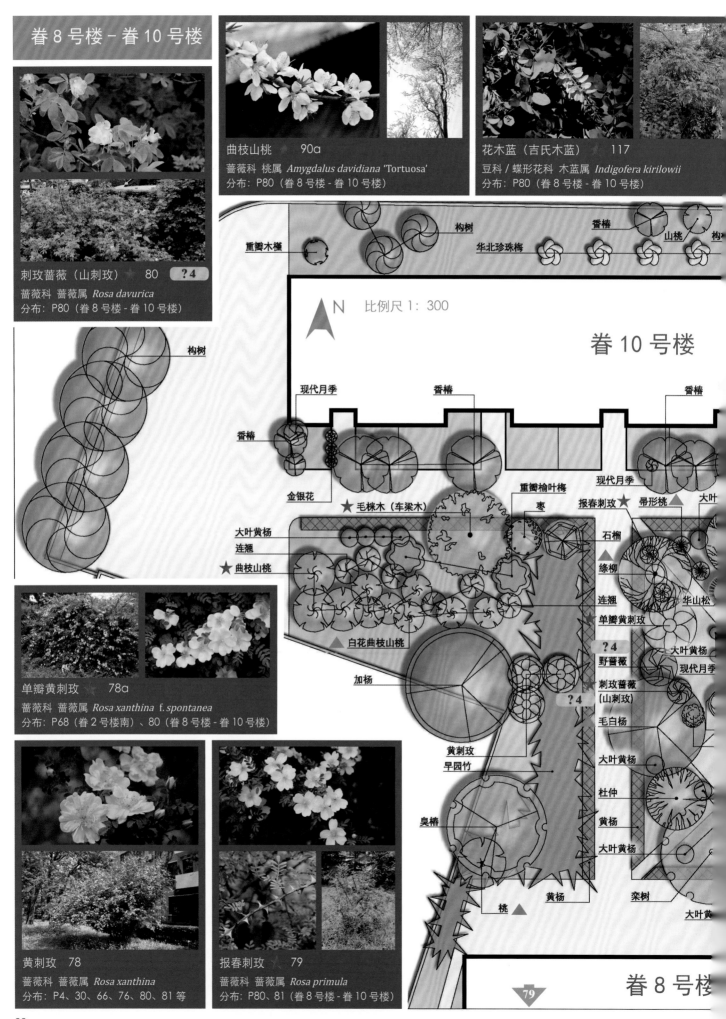

眷8号楼－眷10号楼

刺玫蔷薇（山刺玫）★ 80 **？4**

蔷薇科 蔷薇属 *Rosa davurica*
分布：P80（眷8号楼－眷10号楼）

曲枝山桃　　90a

蔷薇科 桃属 *Amygdalus davidiana* 'Tortuosa'
分布：P80（眷8号楼－眷10号楼）

花木蓝（吉氏木蓝）★ 117

豆科 / 蝶形花科 木蓝属 *Indigofera kirilowii*
分布：P80（眷8号楼－眷10号楼）

单瓣黄刺玫　　78a

蔷薇科 蔷薇属 *Rosa xanthina* f. *spontanea*
分布：P68（眷2号楼南）、80（眷8号楼－眷10号楼）

黄刺玫 78

蔷薇科 蔷薇属 *Rosa xanthina*
分布：P4、30、66、76、80、81 等

报春刺玫 ★ 79

蔷薇科 蔷薇属 *Rosa primula*
分布：P80、81（眷8号楼－眷10号楼）

N　　比例尺1：300

眷 10 号楼

眷 8 号楼

重瓣木槿　构树　华北珍珠梅　香椿　山桃　构

构树

现代月季　香椿　香椿

香椿　现代月季

金银花　重瓣榆叶梅　枣　报春刺玫 ★　昂形桃 ▲　大叶

★ 毛桃木（车梁木）　石榴 ▲

大叶黄杨　绦柳 ▲

连翘　华山松

★ 曲枝山桃　连翘

单瓣黄刺玫

？4

▲ 白花曲枝山桃　野蔷薇　大叶黄杨

加杨　现代月季

刺玫蔷薇
（山刺玫）

？4

黄刺玫　毛白杨

早园竹　大叶黄杨

杜仲

臭椿　黄杨

大叶黄杨

桃 ▲　黄杨　栾树

大叶黄

79

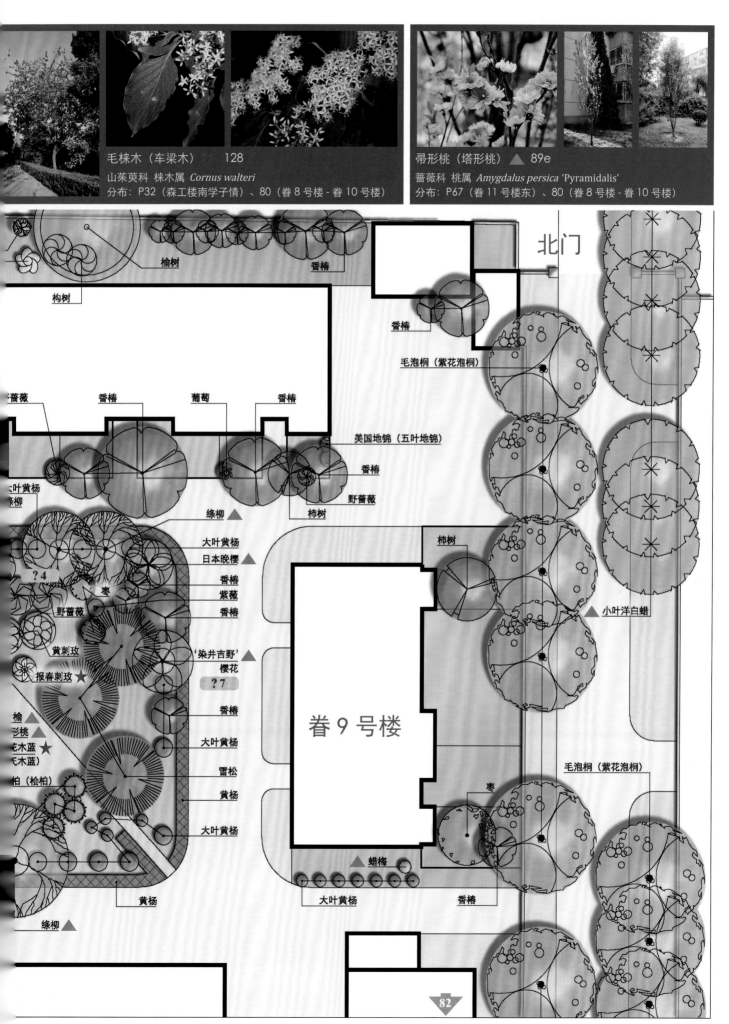

毛梾木（车梁木）★ 128
山茱萸科 梾木属 *Cornus walteri*
分布：P32（森工楼南学子情）、80（眷8号楼-眷10号楼）

帚形桃（塔形桃）▲ 89e
蔷薇科 桃属 *Amygdalus persica* 'Pyramidalis'
分布：P67（眷11号楼东）、80（眷8号楼-眷10号楼）

北门

榆树
构树
香椿

毛泡桐（紫花泡桐）
野蔷薇
香椿
香椿
葡萄
香椿
美国地锦（五叶地锦）
香椿
野蔷薇
柿树

绿柳 ▲
大叶黄杨
大叶黄杨
绿柳
日本晚樱 ▲
香椿
紫薇
香椿
柿树
枣
小叶洋白蜡 ▲
野蔷薇
黄刺玫
'染井吉野'樱花 ▲
报春刺玫 ★
? 7
香椿
榆 ▲
形桃 ▲
花木蓝 ★
毛木蓝
大叶黄杨
雪松
柏（桧柏）
黄杨
眷9号楼
毛泡桐（紫花泡桐）
枣
大叶黄杨
黄杨
蜡梅 ▲
大叶黄杨
香椿
绿柳 ▲
? 4
枣

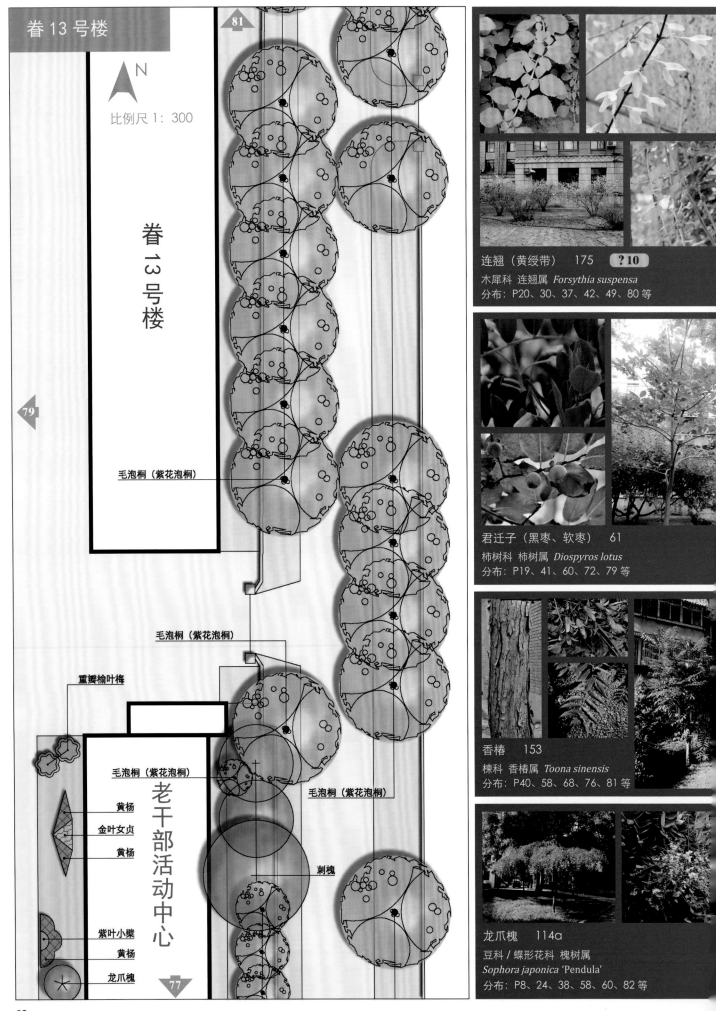

眷 13 号楼

N
比例尺 1：300

81

眷 13 号楼

79

毛泡桐（紫花泡桐）

毛泡桐（紫花泡桐）

重瓣榆叶梅

毛泡桐（紫花泡桐）

老干部活动中心

黄杨
金叶女贞
黄杨

毛泡桐（紫花泡桐）

刺槐

紫叶小檗
黄杨
龙爪槐

77

连翘（黄绶带）　175　**? 10**
木犀科　连翘属　*Forsythia suspensa*
分布：P20、30、37、42、49、80 等

君迁子（黑枣、软枣）　61
柿树科　柿树属　*Diospyros lotus*
分布：P19、41、60、72、79 等

香椿　153
楝科　香椿属　*Toona sinensis*
分布：P40、58、68、76、81 等

龙爪槐　114a
豆科／蝶形花科　槐树属
Sophora japonica 'Pendula'
分布：P8、24、38、58、60、82 等

花期表 & 秋色叶期表

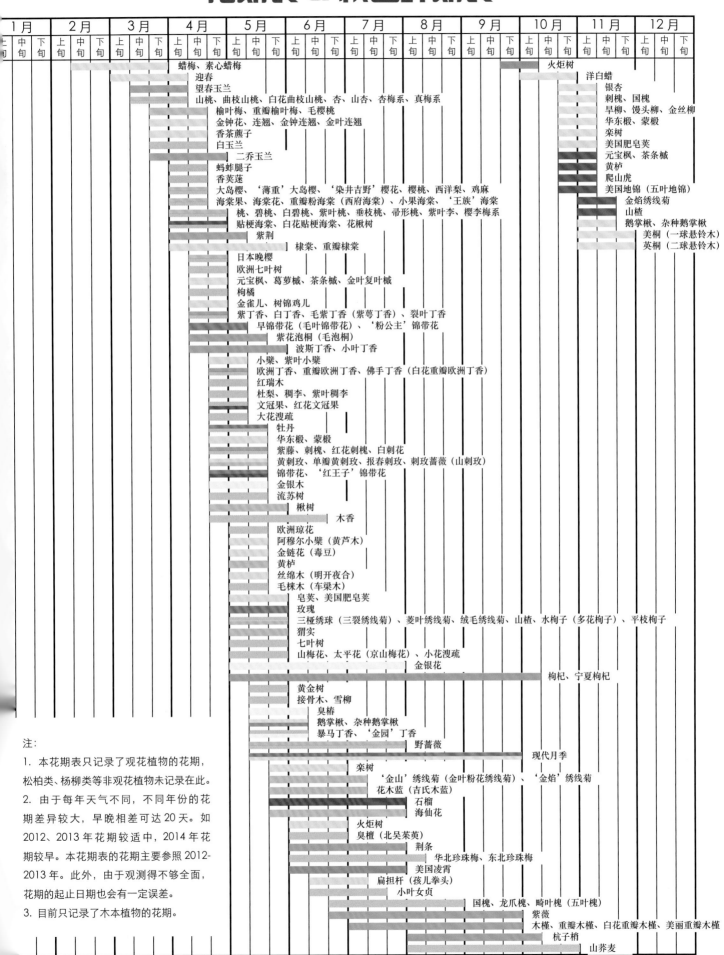

	1月			2月			3月			4月			5月			6月			7月			8月			9月			10月			11月			12月	
		中旬	下旬	上旬	中旬	下旬	上旬	中旬	下旬	上旬	中旬	下旬	上旬	中旬	下旬	上旬	中旬	下旬	上旬	中旬	下旬	上旬	中旬	下旬	上旬	中旬	下旬	上旬	中旬	下旬	上旬	中旬	下旬	上旬	中旬	下旬

蜡梅、素心蜡梅 　　　　　　　火炬树
迎春 　　　　　　　　　　　　洋白蜡
望春玉兰 　　　　　　　　　　银杏
山桃、曲枝山桃、白花曲枝山桃、杏、山杏、杏梅系、真梅系 　刺槐、国槐
榆叶梅、重瓣榆叶梅、毛樱桃 　　旱柳、馒头柳、金丝柳
金钟花、连翘、金钟连翘、金叶连翘 　华东椴、蒙椴
香茶藨子 　　　　　　　　　　栾树
白玉兰 　　　　　　　　　　　美国肥皂荚
二乔玉兰 　　　　　　　　　　元宝枫、茶条槭
蚂蚱腿子 　　　　　　　　　　黄栌
香荚蒾 　　　　　　　　　　　爬山虎
大岛樱、'薄重'大岛樱、'染井吉野'樱花、樱桃、西洋梨、鸡麻 美国地锦（五叶地锦）
海棠果、海棠花、重瓣粉海棠（西府海棠）、小果海棠、'王族'海棠 金焰绣线菊
桃、碧桃、白碧桃、紫叶桃、垂枝桃、帚形桃、紫叶李、樱李梅系 山楂
贴梗海棠、白花贴梗海棠、花楸树 　　鹅掌楸、杂种鹅掌楸
紫荆 　　　　　　　　　　　　美桐（一球悬铃木）
棣棠、重瓣棣棠 　　　　　　　英桐（二球悬铃木）
日本晚樱
欧洲七叶树
元宝枫、葛萝槭、茶条槭、金叶复叶槭
枸橘
金雀儿、树锦鸡儿
紫丁香、白丁香、毛紫丁香（紫萼丁香）、裂叶丁香
早锦带花（毛叶锦带花）、'粉公主'锦带花
紫花泡桐（毛泡桐）
波斯丁香、小叶丁香
小檗、紫叶小檗
欧洲丁香、重瓣欧洲丁香、佛手丁香（白花重瓣欧洲丁香）
红瑞木
杜梨、稠李、紫叶稠李
文冠果、红花文冠果
大花溲疏
牡丹
华东椴、蒙椴
紫藤、刺槐、红花刺槐、白刺花
黄刺玫、单瓣黄刺玫、报春刺玫、刺玫蔷薇（山刺玫）
锦带花、'红王子'锦带花
金银木
流苏树
楸树
木香
欧洲琼花
阿穆尔小檗（黄芦木）
金链花（毒豆）
黄栌
丝绵木（明开夜合）
毛梾木（车梁木）
皂荚、美国肥皂荚
玫瑰
三桠绣球（三裂绣线菊）、菱叶绣线菊、绒毛绣线菊、山楂、水枸子（多花枸子）、平枝枸子
猬实
七叶树
山梅花、太平花（京山梅花）、小花溲疏
金银花
枸杞、宁夏枸杞
黄金树
接骨木、雪柳
臭椿
鹅掌楸、杂种鹅掌楸
暴马丁香、'金园'丁香
野蔷薇
现代月季
栾树
'金山'绣线菊（金叶粉花绣线菊）、'金焰'绣线菊
花木蓝（吉氏木蓝）
石榴
海仙花
火炬树
臭檀（北吴茱萸）
荆条
华北珍珠梅、东北珍珠梅
美国凌霄
扁担杆（孩儿拳头）
小叶女贞
国槐、龙爪槐、畸叶槐（五叶槐）
紫薇
木槿、重瓣木槿、白花重瓣木槿、美丽重瓣木槿
杭子梢
山荞麦

注：

1. 本花期表只记录了观花植物的花期，松柏类、杨柳类等非观花植物未记录在此。

2. 由于每年天气不同，不同年份的花期差异较大，早晚相差可达 20 天。如 2012、2013 年花期较适中，2014 年花期较早。本花期表的花期主要参照 2012-2013 年。此外，由于观测得不够全面，花期的起止日期也会有一定误差。

3. 目前只记录了木本植物的花期。

校园植物名录

类型：1: 常绿针叶乔木　2: 落叶针叶乔木　3: 常绿针叶灌木　4: 常绿阔叶乔木　5: 常绿阔叶灌木　6: 落叶阔叶乔木　7: 落叶阔叶灌木
　　　8: 常绿藤木　9: 落叶藤木　10: 竹类

分布频率：★：仅1处分布，或总数≤3株，极其珍贵。　▲：仅2-5处分布，或总数≤10株，非常珍贵。

序号	类型	名称	科名	属名	拉丁学名	分布频率	分布位置	图片位置	识别特点简述	备注
1	6	银杏（白果）	银杏科	银杏属	*Ginkgo biloba*		小南门内道路两侧(P5、7、17)、学1号楼南(P4)、主楼-西配楼(P24)、主楼草坪东北(P30)、学研中心四周(P34、36)等	P5	落叶乔木，高达40m。独特的扇形树叶，先端常2裂，有长柄，有长短枝，在长枝上互生，短枝上簇生。花单性，雌雄异株；雄球花葇荑花序状，下垂；雌球花具长梗。种子核果状，具肉质外种皮，俗称"白果"。秋色叶变黄，为北林代表树种。	中国特产，为世界著名古生树种，被称为"活化石"，生长缓慢，寿命可达千年以上。国家二级保护植物。
2	1	红皮云杉 ?1	松科	云杉属	*Picea koraiensis*		学5号楼-学6号楼(P8)、主楼草坪西南(P28)、主楼草坪东南(P30)、森工楼南(P33)、眷17号楼-眷19号楼(P58)等	P9	常绿乔木，高达30m。小枝细，径2-4mm，一年生枝淡红褐色至淡黄褐色，无白粉，基部宿存芽鳞先端常反曲；针叶长1.2-2.2cm，先端尖。球果长5-8cm，果鳞先端圆形，露出部分平滑，无明显纵槽。	校园中的红皮云杉与白杆尚未明确区分。目前均标注为红皮云杉。
3	1	白杆（白扦） ?1	松科	云杉属	*Picea meyeri*		多为红皮云杉，间有少量白杆。		常绿乔木，高达30m。小枝常有短柔毛，淡黄褐色，有白粉，小枝基部宿存鳞芽常反曲或开展；小枝如试管刷状。针叶长1.3-3cm，微弯曲，横切面菱形，先端微钝，粉绿色。整体颜色略白。球果圆柱形，幼时常紫红色。	
4	1	青杆（青扦）	松科	云杉属	*Picea wilsonii*		学3号楼西侧(P6)、学5号楼-学6号楼(P8)、主楼草坪西南(P28)、主楼草坪东南(P30)、眷5号楼-眷6号楼(P76)等	P9	常绿乔木，高可达50m。小枝细，色较淡，淡灰黄或淡黄色，通常无毛，基部宿存芽鳞紧贴小枝；小枝如试管刷状，柔弱，小枝压扁状。针叶较短，长0.8-1.3cm，横切面菱形或扁菱形，四面均为绿色，先端尖。球果长4-7cm，成熟前绿色。	
5	1	雪松	松科	雪松属	*Cedrus deodara*		林业楼-生物楼(P20)、主楼草坪中部偏西(P28)、博物馆东南小花园(P48)、眷17号楼-眷19号楼(P58)、眷5号楼-眷6号楼(P76)等	P77	常绿乔木，在原产地高达75m。树冠圆锥形；大枝平展，小枝略下垂。叶针形，长2.5-5cm，横切面三角形，灰绿色，在长枝上散生，在短枝上簇生。球果长7-12cm，翌年成熟，果鳞脱落。	
6	1	油松	松科	松属	*Pinus tabuliformis*		学4号楼-学5号楼(P10)、林业楼-生物楼(P20)、主楼草坪南(P28、30)、森工楼-理化楼(P38)、博物馆东南小花园(P46、49)等	P46	常绿乔木，高达30m。干皮深灰褐色，鳞片状裂，老年树冠常成伞形；冬芽灰褐色。针叶2针1束，较粗硬，长6.5-15cm，树脂道边生。球果鳞被隆起，鳞脐有刺。	
7	1	白皮松	松科	松属	*Pinus bungeana*		学7号楼南(P14)、林业楼-生物楼(P20)、学研中心南(P35)、森工楼-理化楼(P39)、博物馆东南小花园(P48)等	P15	常绿乔木，高达30m。有时多分枝而缺主干；树皮不规则薄鳞片状剥落后留下大片黄白色斑块，老树树皮乳白色。针叶3针1束，长5-10cm，叶鞘早落。球果翌年成熟。	
8	1	西黄松（美国黄松）	松科	松属	*Pinus ponderosa*	▲	正门西(P28)、眷17号楼-眷19号楼(P58)	P59	常绿乔木，一般高约20m，在原产地最高可达75m。树干通直高大，干皮深纵裂，侧枝较短，下部枝常下垂。小枝粗壮，折断后有香气；冬芽褐色，有树脂。针叶较粗硬而长，灰绿色，长12-26(36)cm，扭曲，通常3针1束（稀2-5针），常下垂，叶鞘宿存。球果卵形，紫褐色，长8-20cm，常与少数基部鳞片分离。	
9	1	华山松	松科	松属	*Pinus armandii*		学5号楼-学6号楼(P9)、主楼-东配楼(P26)、学研中心-二教(P36)、博物馆东南小花园(P48)、眷17号楼-眷19号楼(P58)、眷6号楼-眷7号楼(P79)等	P27	常绿乔木，高达25-30m。树皮不剥落，小枝绿色或灰绿色，无毛。针叶5针1束，较细软，长8-15cm，灰绿色。球果圆锥状柱形，长10-20cm，下垂；种子无翅，为松属中最大的。	
10	1	乔松	松科	松属	*Pinus wallichiana*	★	学5号楼-学6号楼(P8)、一教-环境楼(P57)	P9	常绿乔木，在原产地高达70m。树皮暗灰褐色，裂成小块片脱落，小枝绿色，无毛，微被白粉。针叶5针1束，细柔下垂，长12-20cm，蓝绿色。球果圆柱形，下垂，长15-25cm；种子有翅。	
11	2	水杉	杉科	水杉属	*Metasequoia glyptostroboides*	▲	学7号楼东(P13)、学10号楼东(P15)、森工楼南学子情(P32)、幼儿园-眷12号楼(P71)、眷7号楼-眷8号楼(P79)	P15	落叶针叶乔木，高可达40m。树皮长条状剥落；大枝不规则轮生，小枝对生。叶扁线形，长1-2cm，柔软，淡绿色，对生，呈羽状排列，冬季与无芽小枝俱落。球果近球形，长1.8-2.5cm，当年成熟，下垂，果鳞交互对生。	水杉为世界著名古生树种，国家一级保护植物。

序号	类型	名称	科名	属名	拉丁学名	分布频率	分布位置	图片位置	识别特点简述	备注
12	1	侧柏	柏科	侧柏属	*Platycladus orientalis*		生物楼-行政楼（P18）、主楼草坪东南树丛内（P30）、森工楼-理化楼（P39）、眷11号楼西（P66）、眷7号楼-眷8号楼（P79）等	P19	常绿乔木，高达20m。小枝片竖直排列，扁平。叶全为鳞叶，鳞片状叶长1-3mm，先端微钝，对生，两面均为绿色。球果卵形，长1.5-2cm，褐色，果鳞木质而厚，先端反曲；种子无翅。	
13	1	巨柏（雅鲁藏布江柏木）	柏科	柏木属	*Cupressus gigantea*	★	林业楼-生物楼（P21）	P22	常绿乔木，高达30-45m。树皮纵裂成条状；枝叶被蓝粉，幼时显著，老枝灰黑色。鳞叶斜方形，交叉对生，紧密排成整齐的四列。球果矩圆状球形，长1.6-2cm；种鳞6对，木质，盾形；种子两侧具窄翅。	国家一级保护植物。2014年新增树种。
14	1	圆柏（桧柏）	柏科	刺柏属	*Juniperus chinensis* 异名：*Sabina chinensis*		学1号楼东（P5）、学4号楼-学5号楼（P10）、森工楼-理化楼（P39）、博物馆东南小花园（P46、49）、行政楼北（P52）等	P47	常绿乔木，高达20m。树皮幼时灰褐色，老树变广圆形；干皮条状纵裂。叶二型，鳞叶和刺叶兼有，幼树多刺叶，老树多鳞叶；鳞叶长2.5-5mm，先端钝；刺叶长0.6-1.2cm，正面微凹，有两条白色气带。果球形，径6-8mm，褐色，被白粉，翌年成熟，不开裂。	依据FOC，圆柏属已归入刺柏属。
14a	1	龙柏	柏科	刺柏属	*Juniperus chinensis* 'Kaizuca' 异名：*Sabina chinensis* 'Kaizuca'	▲	东配楼东（P38）、眷17号楼-眷19号楼（P58）、眷16号楼-眷18号楼（P60）、眷5号楼-眷6号楼（P77）	P63	常绿乔木。幼树的枝条通常斜上伸展，形成尖塔形树冠，老树则下部大枝平展，形成广圆形的树冠。小枝密，略扭曲上升，如"龙舞空中"。叶全为鳞叶，密生，幼时鲜黄绿色，老则变灰绿色。球果蓝黑，略被白粉。	龙柏是圆柏的栽培品种。
14b	3	球桧（球柏）	柏科	刺柏属	*Juniperus chinensis* 'Globosa' 异名：*Sabina chinensis* 'Globosa'	▲	西配楼南（P25）、东配楼南（P26）	P27	常绿灌木，高约1.2m。树形成球形或半球形；枝密生，斜上展。通常全为鳞叶，偶有刺叶。	球桧是圆柏的栽培品种。
15	3	铺地柏	柏科	刺柏属	*Juniperus procumbens* 异名：*Sabina procumbens*	★	主楼草坪北（P30）、博物馆东南小花园（P49）	P48	常绿灌木匍匐状，小枝端上升。叶全为刺叶，3枚轮生，长6-8mm，灰绿色，顶端有角质锐尖头，背面沿中脉有纵槽。球果具2-3种子。	校园内植株均为直立状，是将铺地柏嫁接在砧木上的高接造型。
16	3	沙地柏（叉子圆柏）	柏科	刺柏属	*Juniperus sabina* 异名：*Sabina vulgaris*	★	二食堂东（P16）、生物楼-行政楼（P19）、主楼-西配楼（P24）、主楼草坪南（P29、30）、田家炳体育馆东（P52）等	P16	常绿灌木匍匐状，通常高不及1m。幼树常为刺叶，交叉对生，长3-7mm，背面有长椭圆形或条状腺体；壮龄树几乎全为鳞叶，背面中部有腺体；叶揉碎后有不愉快的香味。球果倒三角形或叉状球形。	
17	1	铅笔柏（北美圆柏）？12	柏科	刺柏属	*Juniperus virginiana* 异名：*Sabina virginiana*	★	实验楼北（P44）、实验楼东北（P45）	P44	常绿乔木，在原产地高达30m。树冠常狭圆锥形；树皮红褐色，裂成长条片。鳞叶和刺叶兼有；生鳞叶的小枝细，径约0.8mm，鳞叶排列疏松，先端锐尖，背面近基部常有下凹的腺体；刺叶通常交叉对生，长5-6mm，上面凹，被白粉。球果蓝黑色，径约6mm，当年成熟，内含1-3种子。	此植株存疑。
18	1	杜松	柏科	刺柏属	*Juniperus rigida*	★	主楼草坪东树丛内（P30）	P31	常绿小乔木，高达10m。幼时树冠窄塔形，后变圆锥形。叶全为刺叶，刺叶针形，坚硬而较长，正面有一条白粉带在深槽内，背面有明显纵脊。	
19	1、3	粗榧	三尖杉科	三尖杉属	*Cephalotaxus sinensis*	★	林业楼-生物楼（P20）	P21	常绿灌木或小乔木，高达10m。树皮呈薄片状脱落。叶扁线形，长2-4cm，先端突尖，基部圆形，背面有2条白粉带。	
20a	3	矮紫杉（伽罗木）	红豆杉科	红豆杉属	*Taxus cuspidata* 'Nana'	▲	学2号楼-学3号楼（P6）、主楼-西配楼（P25）、主楼-东配楼（P26）、正门西（P28）、眷2号楼-眷3号楼（P72）	P25	常绿灌木，高达2m。多分枝面向上；树皮红褐色，有浅裂纹。枝密生，小枝基部有宿存芽鳞。叶扁平条形，较短而密，长1.5-2.5cm，暗绿色，通常直面不弯，成不规则上翘二列。	矮紫杉是东北红豆杉（紫杉）的栽培品种。
21a	1	南方红豆杉（美丽红豆杉）	红豆杉科	红豆杉属	*Taxus wallichiana* var. *mairei*	★	图书馆-眷19号楼（P59）	P59	常绿乔木，高达16m。叶线形，长2-4cm，宽2.5-4mm，边缘略反卷，通常镰状弯曲，背面中脉与气孔带不同色，质地较厚；叶在枝上成羽状二列。	南方红豆杉是喜马拉雅红豆杉的变种。2014年新增树种。
22	3	木贼麻黄	麻黄科	麻黄属	*Ephedra equisetina*	★	森工楼-理化楼（P38）	P38	常绿灌木，高达1m。小枝绿色有节，径约1mm，小枝中部节间长1.5-2.5cm，节间有多条纵细槽。叶膜质，鳞片状，2片包于茎节上，下部3/4合生，先端钝。球花腋生，成熟时红色。	
23	6	玉兰（白玉兰）？2	木兰科	玉兰属	*Yulania denudata* 异名：*Magnolia denudata*		学6号楼南（P8）、生物楼-行政楼（P18）、林业楼-生物楼（P20）、理化楼-实验楼（P40）、眷5号楼-眷6号楼（P76）等	P22	落叶乔木，高达15-20m。树皮灰白色；幼枝及芽具柔毛。叶倒卵状椭圆形，长8-18cm，先端突尖而短钝，基部圆形或广楔形，幼时背面有毛。花大，花瓣、花萼相似，共9片，纯白色，厚而肉质，有香气。早春叶前开花。	含部分栽培品种，各品种尚未细分。依据FOC，玉兰属已从木兰属独立。
23a	6	'飞黄'玉兰（黄花玉兰）	木兰科	玉兰属	*Yulania denudata* 'Feihuang' 异名：*Magnolia denudata* 'Feihuang'	★	学5号楼-学6号楼（P8待定）、林业楼-生物楼（P20待定）、图书馆-眷18号楼（P60）	P61	落叶乔木。花淡黄至淡黄绿色，花期比玉兰晚15-20天。	'飞黄'玉兰是白玉兰的栽培品种。

序号	类型	名称	科名	属名	拉丁学名	分布频率	分布位置	图片位置	识别特点简述	备注
24	6	二乔玉兰（朱砂玉兰）**？2**	木兰科	玉兰属	*Yulania × soulangeana* 异名：*Magnolia × soulangeana*	▲	学5号楼-学6号楼（P8）、林业楼-生物楼（P20）、学研中心南（P35）、眷17号楼-眷19号楼（P59）、科3号楼东（P75）	P9	落叶小乔木，高6-10m。叶倒卵形，长6-15cm，先端短急尖，基部楔形，背部多少有柔毛，侧脉7-9对。花瓣6，外面多淡紫色，基部色较深，里面白色；萼片3，常花瓣状，长度只达其半或与之等长（有时花萼为绿色）。	含部分栽培种，各品种尚未细分。二乔玉兰是玉兰与紫玉兰的杂交种。
25	6	望春玉兰（望春花）	木兰科	玉兰属	*Yulania biondii* 异名：*Magnolia biondii*	▲	林业楼-生物楼（P20）、主楼-东配楼（P26）、博物馆东南小花园（P48）、北林附小内（P62）	P27	落叶乔木，高达12m。叶长椭圆状披针形或卵状披针形，长10-18cm，侧脉10-15对。花瓣6，长4-5cm，白色，基部带紫红色；萼片3，狭小，长约1cm，紫红色；芳香。早春叶前开花，在校园里的各类玉兰中花期最早。	
26	6	鹅掌楸（马褂木）	木兰科	鹅掌楸属	*Liriodendron Chinense*	★	行政楼西（P18）	P18	落叶乔木，高达40m。干皮灰白光滑。小枝具环状托叶痕。单叶互生，有长柄，叶端常截形，两侧各具一凹裂，全形如马褂，叶背密生白粉状突起，无毛。花黄绿色，杯状，花被片9，长2-4cm。聚合果由其翅状小坚果组成。	国家二级保护植物。
27	6	杂种鹅掌楸	木兰科	鹅掌楸属	*Liriodendron tulipifera × chinense*		学7号楼-学10号楼（P13）、学9号楼-田家炳体育馆（P16）、行政楼西（P18）、主楼草坪东北（P30）、图书馆东（P54）	P54	落叶乔木。叶形介于鹅掌楸与美国鹅掌楸之间，有4个或6个尖角。花被外轮3片黄绿色，内两轮橙黄色。	杂种鹅掌楸是鹅掌楸与美国鹅掌楸的杂交种。
28	7	蜡梅（腊梅）	蜡梅科	蜡梅属	*Chimonanthus praecox*	▲	林业楼-生物楼（P20）、操场-眷1号楼（P69）、眷2号楼-眷3号楼（P72）、眷9号楼南（P81）	P23	落叶灌木，高达3-4m。小枝近方形。单叶对生，卵状椭圆形至卵状披针形，长7-15cm，全缘，半革质而较粗糙。花单朵腋生，花被片蜡质黄色，内部有紫色条纹，具浓香；远于叶前（冬季至早春）开放。瘦果种子状，为坛状果托所包。	含部分栽培种，各品种尚未细分。
28a	7	素心蜡梅	蜡梅科	蜡梅属	*Chimonanthus praecox* 'Luteus'	★	科3号楼西南（P74）、科3号楼东南（P75）	P75	落叶灌木。花被片纯黄色，内部不染紫色条纹，花径2.6-3cm，香味稍淡。	素心蜡梅是蜡梅的栽培品种。
29	7	小檗（日本小檗）	小檗科	小檗属	*Berberis thunbergii*	★	学10号楼西南（P12）	P13	落叶灌木，高达1.5-2（3）m。多分枝，枝红褐色，刺通常不分叉。叶绿色，常簇生，倒卵形或匙形，长0.5-2cm，全缘。花小，黄白色，单生或簇生。浆果椭球形，亮红色。	
29a	7	紫叶小檗	小檗科	小檗属	*Berberis thunbergii* 'Atropurpurea'		学2号楼-学3号楼（P6）、学10号楼西南（P12）、生物楼-行政楼（P19）、正门西（P28）、眷1号楼-眷2号楼（P68）等	P13	落叶灌木。在阳光充足的情况下，叶常年为紫色。花果形态同小檗。	紫叶小檗是小檗的栽培品种。
30	7	阿穆尔小檗（黄芦木）	小檗科	小檗属	*Berberis amurensis*	★	图书馆-眷19号楼（P58）	P59	落叶灌木，高达2-3m。二年生枝灰色，刺三叉，长1-2cm。叶倒卵状椭圆形，长3-8cm，先端急尖或圆钝，基部楔形，边缘具刺状细密尖齿。花淡黄色，花瓣端微凹；10-25朵成下垂总状花序，长6-10cm。浆果椭球形，长约1cm，鲜红色。	
31	6	英桐（二球悬铃木）	悬铃木科	悬铃木属	*Platanus × acerifolia*		森工楼南学子情（P32）、田家炳体育馆东北（P52）、北林附小内（P63）、眷3号楼-眷4号楼（P72）、科3号楼东-眷7号楼（P78）等	P32	落叶乔木，高达30-35m。树皮灰绿色，薄片状剥落，剥落后呈绿白色，光滑。叶长9-15cm，3-5掌状裂，缘有不规则大尖齿，中裂片宽与长差不多，幼叶有星状毛，后脱落；托叶长1-1.5cm。果球常1-3个串生（或偶至6个），径约2.5cm；宿存花柱刺状。	英桐是美桐和法桐的杂交种。
32	6	美桐（一球悬铃木）	悬铃木科	悬铃木属	*Platanus occidentalis*		学2号楼-学3号楼（P6）、林业楼-生物楼（P20）、科贸楼-林业楼（P22）、森工楼南学子情（P32）、理化楼东（P39）等	P32	落叶乔木，在原产地高达50m。树皮小块状开裂，不易剥落，灰褐色。叶3-5掌状浅裂，缘有不规则粗齿，中裂片宽大于长；托叶长2-3cm。果球常1个单生，稀2个一串；宿存花柱极短。	
33	6	杜仲	杜仲科	杜仲属	*Eucommia ulmoides*		学1号楼-学2号楼（P4）、主楼草坪西南（P28）、主楼草坪东南（P30）、二教北（P44）、博物馆东北（P46）、图书馆北（P54）等	P45	落叶乔木，高达20m。枝具片状髓。单叶互生，椭圆形，长7-14cm，缘有锯齿，老叶表面网脉下陷。花单性，雌雄异株。小坚果有翅，长椭圆形，扁而薄，顶端2裂。枝、叶、果断裂后均有弹性细丝相连。	
34	6	榆树（家榆、白榆）	榆科	榆属	*Ulmus pumila*		学1号楼-学2号楼（P4）、学2号楼-学3号楼（P6）、生物楼-行政楼（P19）、博物馆东南小花园（P48）、行政楼-博物馆（P50）等	P51	落叶乔木，高达20-25m。树皮纵裂，粗糙；小枝灰色细长，常排成二列鱼骨状。叶卵状长椭圆形，长2-8cm，叶缘多为单锯齿，基部稍偏斜不对称。早春叶前开花，无花瓣，花药紫红色。翅果近圆形，径1-2cm，无毛，俗称"榆钱"。	
34a	6	垂枝榆	榆科	榆属	*Ulmus pumila* 'Pendula'	★	眷19号楼西南（P58）、眷7号楼-眷8号楼（P79）	P78	落叶乔木。枝下垂，树冠伞形。	垂枝榆是榆的栽培品种。眷19号楼西南的植株为榆树、金叶榆、垂枝榆嫁接而成。

序号	类型	名称	科名	属名	拉丁学名	分布频率	分布位置	图片位置	识别特点简述	备注
34b	6	金叶榆	榆科	榆属	*Ulmus pumila* 'Aurea'	▲	行政楼东南 (P19)、学研中心东 (P35、37)、眷 19 号楼西南 (P58)、眷 16 号楼 - 眷 18 号楼 (P60)、眷 8 号楼 - 眷 10 号楼(P80)	P37	落叶乔木。树叶金黄色。	金叶榆是榆树的栽培品种。行政楼东南的 3 株为'美人榆'(商品名)。
35	6	桑(家桑、白桑)	桑科	桑属	*Morus alba*	▲	森工楼 - 理化楼 (P39)、博物馆东南小花园 (P49)、操场南 (P64)、操场 - 眷 1 号楼 (P68)、眷 4 号楼 - 眷 5 号楼 (P76) 等	P65	落叶乔木,高达15m。小枝褐黄色,嫩枝及叶含乳汁。单叶互生,卵形或广卵形,长 5-10 (20) cm,叶缘锯齿粗钝,表面光滑,有光泽,背面脉腋有簇毛;部分植株叶片有不规则深裂。花单性异株,雌花无花柱。聚花果为"桑葚",圆筒形,熟时由红变紫色。	
35a	6	龙桑	桑科	桑属	*Morus alba* 'Tortuosa'	▲	林业楼 - 生物楼 (P21)、森工楼南学子情 (P32)、操场南 (P64)、眷 7 号楼 - 眷 8 号楼 (P79)	P65	落叶乔木。枝条扭曲,状如龙游。	龙桑是桑的栽培品种。
36	6	构树(楮树)	桑科	构属	*Broussonetia papyrifera*		正门西 (P28)、正门东 (P30)、理化楼 - 实验楼 (P41)、博物馆东南小花园 (P47)、眷 15 号楼西北 (P66) 等	P47	落叶乔木,高达 16m。树皮浅灰色,不易裂开;小枝密生丝状刚毛。单叶互生,稀对生,卵形,长 8-20cm,常有不规则深裂,缘有粗齿,两面密生柔毛。花单性异株,雄花序为柔荑花序,长 3-8cm,雌花序球形头状。聚花果球形,径 2-3cm,熟时橘红色。	
37	6、7	无花果	桑科	榕属	*Ficus carica*	★	眷 17 号楼 - 眷 19 号楼 (P59)、眷 6 号楼 - 眷 7 号楼 (P79)	P79	落叶灌木或小乔木,高可达 12m。叶厚纸质,广卵形,长 10-20cm,3-5 掌状裂,边缘波状或成粗齿,表面粗糙,背面有柔毛。隐花果梨形,长 5-8cm,熟时紫黄色或黑紫色。	
38	6	胡桃(核桃)	胡桃科	胡桃属	*Juglans regia*		学 1 号楼南 (P4)、学 1 号楼 - 学 2 号楼 (P5)、学 10 号楼西南 (P12)、一教南 (P57)、幼儿园东 (P71)、科 3 号楼 (P74) 等	P5	落叶乔木,高达 25-30m。树皮银灰色而纵向浅裂。奇数羽状复叶,小叶 5-9,顶端小叶较大,通常全缘,侧脉 11-15 对。花单性,雌雄同株,雄花为柔荑花序,生于去年生枝腋,雌花 1-3 朵聚生于枝顶。核果球形,成对或单生,果核有两条纵棱。	国家二级保护植物。
39	6	枫杨	胡桃科	枫杨属	*Pterocarya stenoptera*	★	图书馆 - 眷 18 号楼 (P60)	P61	落叶乔木,高达 30m。枝髓片状,裸芽有柄。偶数羽状复叶互生,小叶 10-16,长椭圆形,长 8-10cm,缘有细齿;叶轴有狭翅。坚果具 2 长翅,成串下垂。	
40	6	栓皮栎	壳斗科	栎属	*Quercus variabilis*	★	学 5 号楼西 (P10)、主楼草坪西北 (P28)、图书馆 - 眷 18 号楼 (P60)	P11	落叶乔木,高达 25-30m。树皮木栓层发达,故树皮有弹性。叶长椭圆形或长椭圆状披针形,长 8-15cm,齿端具刺芒状尖头,叶背面被灰白色星状毛。花单性,雌雄同株。果实总苞之小苞片较长而反曲,被短毛;坚果近球形或宽卵形。	
41	6	槲栎	壳斗科	栎属	*Quercus aliena*	▲	图书馆 - 眷 18 号楼 (P60)、眷 1 号楼 - 眷 2 号楼 (P68)	P69	落叶乔木,高达 20-25m。小枝无毛。叶倒卵状椭圆形,长 15-25cm,缘具波状圆齿,侧脉 10-15 对,表面有光泽,背面灰绿色,有星状毛;叶柄长 1-3cm。果实总苞之小苞片卵形,覆瓦状排列紧密,被灰白色短柔毛;坚果椭圆形至卵形。	
42	6	蒙古栎(柞树)	壳斗科	栎属	*Quercus mongolica*	★	二教西南 (P36)、二教东 (P42)	P43	落叶乔木,高达 30m。小枝较粗,无毛。叶常集生枝端,倒卵形,长 7-18cm,先端短钝或短突尖,基部窄圆或耳形,缘有深波状缺刻,侧脉 7-11 对,仅背面脉上有毛;叶柄短,仅 2-5mm,疏生绒毛。总苞厚,苞片背部呈疣状突起。	2013 年新增树种。
43	6	白桦	桦木科	桦木属	*Betula platyphylla*	★	森工楼 - 理化楼 (P39)	P39	落叶乔木,高达 20-25m。树皮白色,多层纸状剥离,小枝红褐色。叶菱状三角形,长 3.5-6.5cm,缘有不规则重锯齿,侧脉 5-8 对,无毛,背面有腺点。果序单生,下垂,圆柱形,长 2.5-4.5cm;果翅比略宽或近等宽。	
44	6	鹅耳枥 ?12	桦木科	鹅耳枥属	Carpinus turczaninowii	★	学 5 号楼西南 (P8)	P9	落叶乔木,高达 5-15m。小枝有毛,冬芽褐色。单叶互生,卵形或椭圆状卵形,长 3-5 (7) cm,先端尖,缘有重锯齿,表面光亮,侧脉 8-12 对,背脉有长毛。小坚果生于叶状总苞片基部;果序微有毛,稀疏下垂,长 3-6cm。	此植株存疑。
45	9	山荞麦(木藤蓼)	蓼科	何首乌属	*Fallopia aubertii* 异名: *Polygonum aubertii*	★	幼儿园 - 眷 12 号楼 (P70、71)	P71	落叶半木质藤本,长达 10-15m。单叶互生,卵形至卵状长椭圆形,长 4-9cm,边缘常波状;叶柄长 3-5cm,托叶鞘筒状。花小,白色或绿白色;成细长侧生圆锥花序,花序轴稍有鳞状柔毛。	依据 FOC,山荞麦已转移至何首乌属。
46	7	牡丹	芍药科	芍药属	*Paeonia suffruticosa*	★	森工楼南学子情 (P32)、眷 17 号楼 - 眷 19 号楼 (P58)、眷 16 号楼 - 眷 18 号楼 (P60)、眷 1 号楼 - 眷 2 号楼(P68)、眷 3 号楼 - 眷 4 号楼 (P72) 等	P59	落叶灌木,高 0.4-1.6m。二回三出复叶互生,小叶卵形,顶生小叶 3-5 裂,侧生小叶常全缘,背面常有白粉,无毛。花大,径 12-30cm,单生枝端,单瓣或重瓣,颜色有白、粉红、深红、紫红、黄等色。聚合蓇葖果,密生黄褐色毛。	含部分栽培品种,各品种尚未细分。
47	6	蒙椴(小叶椴)	椴树科	椴树属	*Tilia mongolica*	★	眷 6 号楼 - 眷 7 号楼 (P79)	P78	落叶乔木,高达 6-10m。树皮红褐色,小枝无毛。嫩叶带红色,叶广卵形,长 4-7cm,基部截形或广楔形,少近心形,缘有不整粗壮尖齿,有时 3 浅裂,仅背面脉腋有簇毛。雄蕊 30-40,有退化雄蕊 5;10-20 朵成聚伞花序,花序梗之苞片有柄。	

序号	类型	名称	科名	属名	拉丁学名	分布频率	分布位置	图片位置	识别特点简述	备注
48	6	华东椴	椴树科	椴树属	*Tilia japonica*	▲	主楼 - 西配楼（P25）、主楼 - 东配楼（P26）、主楼草坪中部偏东（P30）、眷 17 号楼 - 眷 19 号楼（P58）、眷 15 号楼西北（P66）、眷 2 号楼 - 眷 3 号楼（P72）	P27	落叶乔木，高达 6-10m。叶革质，圆形或扁圆形，长 5-10cm，叶基偏斜，先端急锐尖，边缘有尖锐细锯齿。聚伞花序长 5-7cm，有花 6-16 朵或更多；苞片狭倒披针形或狭长圆形，长 3.5-6cm，宽 1-1.5cm，两面均无毛，下半部与花序柄合生。果实卵圆形。	
49	7	扁担杆（孩儿拳头）	椴树科	扁担杆属	*Grewia biloba*	★	主楼草坪西树丛内（P28）、主楼草坪东树丛内（P30）	P29	落叶灌木，高达 3m。小枝有星状毛。单叶互生，狭菱状卵形至卵形，长 3-13cm，缘有不规则锯齿，基部 3 主脉，表面多少有毛，背面常有较密星状毛；叶柄顶端膨大呈关节状。花淡黄绿色，径 1-2cm，花瓣基部有腺体；聚伞花序与叶对生。核果橙红色，2 裂，每裂有 2 小核。	
50	6、7	木槿	锦葵科	木槿属	*Hibiscus syriacus*		森工楼南学子情（P32）、眷 14 号楼北（P70）、眷 3 号楼东（P73）、眷 5 号楼 - 眷 6 号楼（P76）、眷 6 号楼 - 眷 7 号楼（P79）等	P33	落叶灌木或小乔木，高 2-6m。幼枝具柔毛。叶菱状卵形，长 3-6cm，通常 3 裂，缘有粗齿或缺刻（叶形独特），光滑无毛。花单生叶腋，通常淡紫色，花被片 5，朝开暮谢；副萼条形，宽 0.5-2mm。花期 7-9 月，为夏秋开花树种。	含部分栽培品种，各品种间未细分。
50a	6、7	重瓣木槿	锦葵科	木槿属	*Hibiscus syriacus* 'Plenus'		学 1 号楼 - 学 2 号楼（P4）、学 2 号楼 - 学 3 号楼（P7）、学 4 号楼 - 学 5 号楼（P10）、科贸楼 - 林业楼（P23）、眷 6 号楼 - 眷 7 号楼（P79）等	P33	落叶灌木或小乔木。花紫色，重瓣。	重瓣木槿是木槿的栽培品种。
50b	6、7	美丽重瓣木槿 **?12**	锦葵科	木槿属	*Hibiscus syriacus* 'Speciosus Plenus'	★	学 5 号楼东（P11 待定）	P33	落叶灌木或小乔木。粉花重瓣，中间花瓣小。	此植株存疑，美丽重瓣木槿是木槿的栽培品种。
50c	6、7	白花重瓣木槿	锦葵科	木槿属	*Hibiscus syriacus* 'Albo-plenus'		森工楼南学子情（P32）	P33	落叶灌木或小乔木。花白色，重瓣。	白花重瓣木槿是木槿的栽培品种。
51	6	毛白杨	杨柳科	杨属	*Populus tomentosa*	▲	学 5 号楼 - 学 6 号楼（P8）、林业楼东南（P22）、实验楼东北（P45）、行政楼 - 博物馆（P50）、眷 7 号楼 - 眷 8 号楼（P78）、眷 8 号楼 - 眷 10 号楼（P80）	P45	落叶乔木，高达 30m。树干端直，树皮青白色，皮孔菱形；幼枝具灰白色毛。叶三角状卵形，长 10-15cm，缘有不整齐浅裂状齿，背面密被灰白色毛，后渐脱落。花单性，雌雄异株，柔荑花序，似毛毛虫；雄花序长 10-14（20）cm，雄花苞片约具 10 个尖头，密生长毛，花药红色；雌花序长 4-7cm。果序长达 14cm，成熟后飘出"杨絮"。	行政楼 - 博物馆之间的毛白杨可能为三体毛白杨。
52	6	银白杨 **?3**	杨柳科	杨属	*Populus alba*	★	行政楼 - 博物馆（P50 待定）、眷 7 号楼 - 眷 8 号楼（P78、79）	P78	落叶乔木，高 15-30m。树皮灰白色，嫩枝及芽均有白色绒毛。叶卵形，长 5-12cm，缘有波状齿或 3-5 浅裂，背面密生不脱落的银白色绒毛。雄花序长 3-6cm，花序轴有毛，苞片宽椭圆形，不裂，长约 3mm，边缘有不规则齿牙和长毛。	行政楼东的株存疑，可能为杂交种。
53	6	加杨（加拿大杨、欧美杨）	杨柳科	杨属	*Populus × canadensis*		森工楼南学子情（P32）、眷 12 号楼 - 科 1 号楼（P71）、北门超市西（P77）、眷 8 号楼 - 眷 10 号楼（P80）等	P35	落叶乔木，高达 30m。树皮淡灰色，深沟纵裂；小枝有棱。叶近等边三角形，长 6-10cm，先端渐尖，基部截形，锯齿圆钝；叶柄扁平。雄花序长 7-15cm，花序轴无毛，苞片淡绿褐色，不整齐，丝状深裂。果序长达 27cm。	加杨是美洲黑杨与欧洲黑杨的杂交种。
53a	6	沙兰杨	杨柳科	杨属	*Populus × canadensis* 'Sacrau 79'	★	操场 - 眷 1 号楼（P69）	P68	落叶乔木，高达 30m。树冠宽阔，圆锥形，侧枝近轮生；树皮灰白或灰褐色，皮孔菱形，大而显著；大树树干基部有较宽钱纵裂。叶卵状三角形，长 8-11cm，基部广楔形或截形；长枝之叶较大，基部具 1-4 棒状腺体。生长特别快。	沙兰杨是加杨的栽培品种。
54	6	黑杨（欧洲黑杨） **?3**	杨柳科	杨属	*Populus nigra*	★	一教 - 环境楼（P56 待定）	P57	落叶乔木，高达 30m。树皮暗灰色，老时纵裂；小枝圆，无毛。叶菱形、菱状卵形或三角形，长 5-10cm，先端长渐尖，基部广楔形，叶缘半透明，具圆齿；叶柄扁而长，无毛。雄花序长 5-6cm，花序轴无毛，苞片顶端有丝状深裂，花药紫红色。	该植株为黑杨类，但是是否为欧洲黑杨有疑问。
55	6	小叶杨（南京白杨）	杨柳科	杨属	*Populus simonii*	★	学 5 号楼 - 学 6 号楼（P8）	P9	落叶乔木，高达 20m。树冠广卵形，树皮灰绿色，老时黑色，纵裂；幼树小枝及萌枝有棱，老树小枝圆，冬芽瘦尖。叶菱状卵形至菱状倒卵形，长 5-10cm，基部常截形，先端短尖，两面无毛；叶柄圆，常带红色。雄花序长 2-7cm，花序轴无毛，苞片细条裂。	
56	6	北京杨	杨柳科	杨属	*Populus × beijingensis*		一教 - 二教（P45、56）、幼儿园东（P67）、操场 - 眷 1 号楼（P68）、眷 1 号楼 - 科 2 号楼（P74）、科 3 号楼 - 眷 7 号楼（P78）等	P45	落叶乔木，高达 30m。树皮灰绿色，渐变绿灰色，光滑，老干有裂。叶广卵圆形或三角状广卵形，长 7-9cm，先端短渐尖或渐尖，边缘具波状粗锯齿。雄花序苞片丝状条裂。	北京杨是钻天杨与青杨的杂交种。
57	6	旱柳	杨柳科	柳属	*Salix matsudana*		森工楼 - 理化楼（P38）、二教东（P42）、行政楼 - 博物馆（P50）、操场东（P65）、眷 5 号楼西北（P76）等	P51	落叶乔木，高达 20m。树冠卵圆形或倒卵形，树皮深灰至灰黑色，不规则纵裂；小枝直立或斜展，绿色或黄绿色，无毛。叶披针形至狭披针形，长 5-10cm，边缘有细锯齿，两面无毛；叶柄短，长 2-4mm。雌花具腹背 2 腺体；雄花具 2 雄蕊。种子细小，具丝状毛，成熟后飘出"柳絮"。	

序号	类型	名称	科名	属名	拉丁学名	分布频率	分布位置	图片位置	识别特点简述	备注
57a	6	龙须柳（龙爪柳）	杨柳科	柳属	*Salix matsudana* 'Tortuosa'	★	学10号楼西南（P12）（2013年冬从原一食堂西移栽至此）	P14	落叶乔木，高达12m。枝条自然扭曲，但长势较弱，易衰老。	龙须柳是旱柳的栽培品种。
57b	6	馒头柳	杨柳科	柳属	*Salix matsudana* 'Umbraculifera'	▲	操场南部（P64）、操场中部（P64）、操场北部（P64）	P64	落叶乔木，高达12-20m。分枝密，端梢齐整，树冠半圆球形，状如馒头。	馒头柳是旱柳的栽培品种。
57c	6	绦柳（旱垂柳）	杨柳科	柳属	*Salix matsudana* 'Pendula'	▲	操场-眷11号楼（P67）、眷8号楼-眷10号楼（P81）	P64	落叶乔木，高达20m。枝条细长下垂，外形似垂柳，但一二年生小枝较短，黄色，大枝斜展，无毛，缘有腺毛锐齿；叶披针形，叶柄长5-8mm。雌花有2体腺。我国北方城市常栽培，并常被误认为垂柳。	绦柳是旱柳的栽培品种。
58a	6	金丝柳（金丝垂柳）	杨柳科	柳属	*Salix alba* 'Tristis'	▲	眷17号楼-眷19号楼（P58）、眷16号楼-眷18号楼（P60）	P61	落叶乔木，高达20m。小枝冬季亮黄色，细长下垂。叶狭披针形，背面发白。	金丝柳是金枝白柳和垂柳的杂交种。
59	5	蓝莓	杜鹃花科	越橘属（乌饭树属）	*Vaccinium corymbosum*	★	图书馆-眷18号楼（P60）	P61	半常绿小灌木，高0.5-1m。叶革质，椭圆形，长1-3cm。花冠钟状，长约6mm，4浅裂，白色或粉红色。浆果球形，成熟时蓝紫色，径约9mm。	2014年新增树种。
60	6	柿树	柿树科	柿树属	*Diospyros kaki*		学7号楼-学10号楼（P12）、学10号楼西南（P14）、博物馆东南小花园（P48）、眷17号楼-眷19号楼（P58）、操场-眷1号楼（P68）、眷6号楼-眷7号楼（P79）等	P15	落叶乔木，高达15m。树皮方块状裂，小枝有褐色短柔毛，芽卵状扁三角形。单叶互生，椭圆状倒卵形，长6-18cm，全缘，革质，背面及叶柄均有柔毛，入秋后部分叶变红。花单株异性或杂性同株，雄花成聚伞花序，雌花单生。浆果大，扁球形，径3-8cm，熟时呈橙黄色或橘红色，为"柿子"。	
61	6	君迁子（黑枣、软枣）	柿树科	柿树属	*Diospyros lotus*		生物楼-行政楼（P19）、理化楼-实验楼（P41）、眷16号楼-眷18号楼（P60）、眷3号楼-眷4号楼（P72）、眷7号楼-眷8号楼（P79）等	P82	落叶乔木，高达14m。树皮方块状裂，小枝幼时有灰色毛，后渐脱落。芽尖卵形，黑褐色。叶椭圆形，长6-12cm，表面密生柔毛，后脱落，背面灰色或苍白色，脉上有柔毛。花单性异株，淡黄色或淡红色，单生或簇生叶腋。浆果近球形，径1.5-2cm，熟时由黄变蓝黑色，外被蜡层，宿存萼3（4）裂。	
62	7	太平花（京山梅花）	绣球科	山梅花属	*Philadelphus pekinensis*		学2号楼-学3号楼（P6）、主楼草坪西南（P28）、主楼草坪东（P30）、博物馆东南小花园（P48）、行政楼北围墙边（P53）等	P53	落叶灌木，高达3m。树皮栗褐色，薄片剥落；幼枝无毛，常带紫色。单叶对生，叶卵状椭圆形，长4-8cm，缘有疏齿，两面无毛或仅背面脉腋有簇毛，基出三脉；叶腋常带浅紫色。花白色，有香气，花被片4，花萼苍黄绿色，有时带紫色；花萼外、花梗及花柱均无毛；5-7（9）朵成总状花序。蒴果近球形，宿存萼片上位。	
63	7	山梅花	绣球科	山梅花属	*Philadelphus incanus*	★	主楼草坪东树丛内（P30）、行政楼北围墙边（P53）	P53	落叶灌木，高3-5m。幼枝及叶有柔毛。单叶对生，叶卵形或椭圆形，长5-10cm，缘有细尖齿，表面被刚毛，背面密被白色长粗毛；基出3-5脉。花白色，有香气，花被片4；花萼外、花梗密生灰白色柔毛，花柱无毛；7-11朵成总状花序。	
64	7	大花溲疏	绣球科	溲疏属	*Deutzia grandiflora*	★	主楼草坪东北（P30）	P31	落叶灌木，高达2-3m。老枝紫褐色或灰褐色，无毛，表皮片状脱落。单叶对生，叶卵形或椭圆状卵形，长2-5cm，表面粗糙，背面密被灰白色星状毛，缘有芒状小齿。花单生，白色，径约2.5-3.5cm，花丝上部两侧有2个钩状尖齿；1-3朵聚伞状。花期较小花溲疏早。	
65	7	小花溲疏	绣球科	溲疏属	*Deutzia parviflora*	▲	博物馆东南小花园（P47、49）	P47	落叶灌木，高达2m。老枝灰褐色或灰色，表皮片状脱落。单叶对生，叶卵状椭圆形至狭卵状披针形，长3-8cm，缘有细尖齿，两面疏生星状毛。花白色，径约1.2cm，花梗及萼生星状毛；伞房花序具多花。花期较大花溲疏晚。	
66	7	香茶藨子（黄丁香、黄花茶藨子）	茶藨子科	茶藨子属	*Ribes odoratum*	▲	主楼草坪西南（P28）、主楼草坪东北（P30）、眷14号楼西（P70）	P29	落叶灌木，高1-2m。幼枝密被白色柔毛。叶卵形、肾圆形至倒卵形，宽3-8cm，3-5裂，裂片有粗齿，表面无毛，背面被短柔毛并疏生棕褐色腺点。花萼花瓣状，黄色，萼筒细长，萼裂片5，开展或反折，花瓣5，形小，紫红色；5-10朵成松散下垂的总状花序。浆果球形，径8-10mm，熟时紫黑色。	
67	7	三桠绣球（三裂绣菊）	蔷薇科	绣线菊属	*Spiraea trilobata*	▲	主楼草坪西北（P28）、主楼草坪东树丛内（P31）、博物馆东南小花园（P47）	P31	落叶灌木，高达2m。小枝细而开展，稍呈之字形曲折，无毛。叶近圆形，长1.5-3cm，常3裂，中部以上具少数圆钝齿，基部近圆形，基出3-5脉，两面无毛。花小而白色，成密集伞形总状花序。	
68	7	菱叶绣线菊（杂种绣线菊）	蔷薇科	绣线菊属	*Spiraea × vanhouttei*	▲	主楼草坪中部偏西（P28）、主楼草坪东树丛内（P31）	P29	落叶灌木，高达2m。小枝拱曲，无毛。叶菱状卵形至菱状倒卵形，长2-3.5cm，先端尖，基部楔形，通常3-5浅裂，缘有锯齿，表面暗绿，背面蓝绿色，两面无毛。花纯白色，径约8mm；成伞形花序。	菱叶绣线菊是麻叶绣线菊和三桠绣线菊的杂交种。
69	7	绒毛绣线菊（毛花绣线菊）	蔷薇科	绣线菊属	*Spiraea dasyantha*	★	眷12号楼东（P71）	P71	落叶灌木，高达3m。小枝细，呈之字形曲折，幼时密被绒毛。叶菱状卵形，长2.5-4.5cm，先端急尖或圆钝，基部楔形并全缘，中部以上有缺刻状钝锯齿，背面密被白色绒毛。花小而白色，萼片三角形或卵状三角形；伞形花序具总梗，密被白色绒毛。	

序号	类型	名称	科名	属名	拉丁学名	分布频率	分布位置	图片位置	识别特点简述	备注
70a	7	'金山'绣线菊（金叶粉花绣线菊）	蔷薇科	绣线菊属	Spiraea × bumalda 'Gold Mound'	▲	主楼草坪西北（P28）、主楼草坪东南（P30）、森工楼-理化楼（P39）	P26	矮生落叶灌木，高约40-60cm。新叶金黄色，夏季渐变黄绿色。花粉红色。	'金山'绣线菊是粉花绣线菊和白花绣线菊的杂交品种。
70b	7	'金焰'绣线菊	蔷薇科	绣线菊属	Spiraea × bumalda 'Gold Flame'	▲	学1号楼东（P5）、学9号楼-田家炳体育馆（P16）、学研中心-二教（P36）、二教东（P42）、图书馆西南（P54）等	P17	矮生落叶灌木，比'金山'绣线菊稍矮。新叶有红有绿，夏天全为绿色，秋天变铜红色。花粉红色。	'金焰'绣线菊是粉花绣线菊和白花绣线菊的杂交品种。
71	7	金叶风箱果	蔷薇科	风箱果属	Physocarpus opulifolius 'Luteus'	▲	主楼草坪西北（P28）、主楼草坪西南（P28）、主楼草坪东北（P30）	P29	落叶灌木，高达3m。单叶互生，金黄色，三角状卵形至广卵形，长3.5-5.5cm，基部广楔形，3-5浅裂，缘有重锯齿。花白色，径约1cm，花梗及花萼外无毛或近无毛；顶生伞形总状花序。蓇葖果胀大，卵形，红色，无毛。	金叶风箱果是北美风箱果的栽培品种。2013年新增树种。
72	7	华北珍珠梅（珍珠梅）	蔷薇科	珍珠梅属	Sorbaria kirilowii	▲	林业楼-生物楼（P21）、森工楼-理化楼（P39）、一教-环境楼（P57）、学17号楼-学19号楼（P58）、北林附小内（P62）等	P63	落叶灌木，高达2-3m，羽状复叶互生，小叶11-17，长卵状披针形，长4-7cm，缘具重锯齿，侧脉20-25对。花小而白色，蕾时如珍珠，故称"珍珠梅"；雄蕊20，与花瓣近等长；顶生圆锥花序，花密集。蓇葖果，果梗直立。	
73	7	东北珍珠梅	蔷薇科	珍珠梅属	Sorbaria sorbifolia	▲	林业楼-生物楼（P21）、主楼-西配楼（P25）、学17号楼-学19号楼（P59）、学16号楼-学18号楼（P61）	P61	落叶灌木。外形似华北珍珠梅。主要区别在于侧脉25-35对；雄蕊40-50，其长度为是花瓣长的1.5-2倍；圆锥花序近直立；花期比华北珍珠梅晚而短。	
74	7	野蔷薇（蔷薇、多花蔷薇）?4	蔷薇科	蔷薇属	Rosa multiflora	▲	森工楼-理化楼（P39）、一教-环境楼（P57）、学2号楼-学3号楼（P72）、学4号楼-学5号楼（P76）、学8号楼-学10号楼（P83）等	P47	落叶灌木，高达1-3m。枝细长，上升或攀援状，皮刺常生于托叶下。小叶5-7(9)，倒卵状椭圆形，缘有尖锯齿，背面有柔毛；托叶篦齿状，附着于叶柄上，边缘有腺毛。花白色，径1.5-2.5cm，芳香；多朵密集成圆锥状伞房花序。果近球形，径约6mm，红褐色，萼脱落。	含部分栽培种，各品种未细分。
74a	7	'七姊妹'（十姊妹）蔷薇	蔷薇科	蔷薇属	Rosa multiflora 'Grevillea'	▲	学19号楼西南（P58）、学18号楼东南（P60）	P47	落叶灌木。叶较大，花也较大，重瓣，深粉红色，常6-9朵聚生成扁伞房花序。	'七姊妹'蔷薇是野蔷薇的栽培品种。
74b	7	'荷花'蔷薇（粉红七姊妹）	蔷薇科	蔷薇属	Rosa multiflora 'Carnea'	★	博物馆东南小花园（P47）	P47	落叶灌木。花重瓣，淡粉红色，形似荷花，多朵成簇。	'荷花'蔷薇是野蔷薇的栽培品种。
74c	7	'白玉棠'蔷薇	蔷薇科	蔷薇属	Rosa multiflora 'Albo-plena'	★	学4号楼-学5号楼（P10）	P47	落叶灌木。枝上刺较少。小叶倒卵形。花白色，重瓣，多朵簇生；花期较早。	'白玉棠'蔷薇是野蔷薇的栽培品种。
75	5	现代月季 ?4	蔷薇科	蔷薇属	Rosa hybrida	▲	林业楼-生物楼（P21）、主楼草坪南（P28、30）、二教东（P42）、学16号楼-学18号楼（P60）、幼儿园-学12号楼（P71）等	P43	常绿或半常绿灌木，高达2m。小枝具粗刺，无毛。小叶3-5，卵状椭圆形，长3-6cm，缘有尖锯齿，无毛；托叶边缘有腺毛。花单生或几朵集成伞房状，重瓣，多色，芳香，萼片羽状裂。	含部分栽培种，各品种未细分。
75a	5	'杏花村'月季	蔷薇科	蔷薇属	Rosa 'Betty Prior'	▲	森工楼南学子情（P32）、基础楼-实验楼（P40）、博物馆东南小花园（P49）、学15号楼西北（P66）		常绿或半常绿灌木。花单瓣，花瓣5，粉红色。	'杏花村'月季是现代月季（丰花类型）的栽培品种。
76	5、7	木香	蔷薇科	蔷薇属	Rosa banksiae	★	林业楼-生物楼（P20、21）	P20	落叶或半常绿攀援灌木。枝绿色，细长而刺少。小叶3-5，长椭圆状披针形，长2-6cm，缘有细齿；托叶线形，早落。花白色或淡黄色，芳香，单瓣或重瓣，径约2-2.5cm，萼片全缘；伞形花序。果近球形，径3-4mm，红色。	
77	7	玫瑰	蔷薇科	蔷薇属	Rosa rugosa	▲	生物楼-行政楼（P19）、幼儿园-学12号楼（P71）、学2号楼-学3号楼（P72）	P70	落叶灌木，高达2m。枝密生细刺、刚毛及绒毛。小叶5-9，椭圆形，长2-5cm，有钝锯齿，表面网脉凹下，皱而有光泽，背面灰绿色，密被绒毛。花紫红色，径约6-8cm，浓香；1至数朵聚生。果扁球形，径2-2.5cm，砖红色。	
78	7	黄刺玫	蔷薇科	蔷薇属	Rosa xanthina	▲	学1号楼-学2号楼（P4）、主楼草坪北（P30）、学15号楼西北（P66）、学4号楼-学5号楼（P76）、学8号楼-学10号楼（P80、81）等	P80	落叶灌木，高达3m。小枝褐色，具硬直扁刺，无刺毛。小叶7-13，卵圆形或椭圆形，长1-2cm，先端钝，基部圆形，缘具钝锯齿，背面幼时常有柔毛。花黄色，径约4cm，重瓣或半重瓣，单生。	
78a	7	单瓣黄刺玫	蔷薇科	蔷薇属	Rosa xanthina f. spontanea	★	学1号楼-学2号楼（P68）、学8号楼-学10号楼（P80）	P80	落叶灌木。花黄色，单瓣。	单瓣黄刺玫是黄刺玫的学原种。
79	7	报春刺玫	蔷薇科	蔷薇属	Rosa primula	★	学8号楼-学10号楼（P80、81）	P80	落叶灌木，高达2m。小枝细，多硬直扁刺，无刺毛。小叶7-15，椭圆形，叶较小，长0.6-1.2cm，重锯齿，齿端及叶背有腺点，无毛，叶揉碎后具香气。花淡黄色变黄白色，径3-4cm，单生，有香气。果近球形，径约1cm，红棕色。	

序号	类型	名称	科名	属名	拉丁学名	分布频率	分布位置	图片位置	识别特点简述	备注
80	7	刺玫蔷薇（山刺玫）**？4**	蔷薇科	蔷薇属	*Rosa davurica*	★	眷 8 号楼 - 眷 10 号楼（P80）	P80	落叶灌木，高 1.5-2m。小枝在叶柄基部有 1 对稍弯曲皮刺，刺基部密被刺毛。小叶 5-7，长椭圆形，长 1.5-3cm，中部以上有锐齿，背面灰绿色，沿脉有柔毛及腺点；托叶膜质，全缘。花粉红色，径约 4cm，萼片长度超过花瓣；单生或 2-3 朵集生。果卵球形，径 1-1.5cm，鲜红色，经冬不落。	
81	7	棣棠	蔷薇科	棣棠属	*Kerria japonica*	★	林业楼 - 生物楼（P20）	P23	落叶灌木，高达 2m。小枝绿色光滑。单叶互生，叶卵状椭圆形，长 3-8cm，先端长尖，基部近圆形，缘有重锯齿，常浅裂，背面微被柔毛。花单生侧枝端，金黄色，径 3-4.5cm，花被片 5。瘦果长 5-8mm，离生，萼宿存。	
81a	7	重瓣棣棠	蔷薇科	棣棠属	*Kerria japonica* 'Pleniflora'	▲	林业楼 - 生物楼（P20）、眷 17 号楼 - 眷 19 号楼（P58）	P23	落叶灌木。花金黄色，重瓣。	重瓣棣棠是棣棠的栽培品种。
82	7	鸡麻	蔷薇科	鸡麻属	*Rhodotypos scandens*	▲	主楼 - 东配楼（P25）、主楼 - 西配楼（P26）、眷 17 号楼 - 眷 19 号楼（P59）、幼儿园 - 眷 12 号楼（P70）、眷 5 号楼 - 眷 6 号楼（P76）	P27	落叶灌木，高达 2-3m。小枝淡紫褐色，无毛。单叶对生，叶卵状椭圆形，长 4-9cm，先端渐尖，基部广楔形至圆形，缘有不规则重锯齿，背面有丝状毛。花单生侧枝端，白色，花瓣、花萼各为 4，并有副萼。果有 4，亮黑色。鸡麻是蔷薇科中唯一一个花被片为 4 的树种。	
83a	6	紫叶李（红叶李）	蔷薇科	李属	*Prunus cerasifera* 'Pissardii'		学 2 号楼 - 学 3 号楼（P6）、学 7 号楼 - 学 10 号楼（P12）、林业楼西（P22）、正门西（P28）、森工楼 - 理化楼（P39）等	P22	落叶小乔木，高达 4m。小枝无毛。叶卵形或卵状椭圆形，长 3-4.5cm，紫红色。花淡粉红色，通常单生，叶前开花或花叶同放。核果球形，径约 1.2cm，暗红色。	紫叶李是樱李的栽培品种。
84	6	杏 **？5**	蔷薇科	杏属	*Armeniaca vulgaris* 异名：*Prunus vulgaris*	★	科 3 号楼 - 眷 7 号楼（P78、79）	P79	落叶乔木，高达 10m。小枝红褐色，无毛，芽单生。叶卵圆形或卵状椭圆形，长 5-8cm，基部圆形或广楔形，先端突尖或突渐尖，缘具钝锯齿；叶柄常带红色且具 2 腺体。花通常单生，单瓣，淡粉红色或近白色，花瓣 5，花萼反曲；近无梗。果球形，径 2-3cm，具纵沟，为"杏"，黄色或带红晕，近光滑；果核两侧扁，平滑。	依据 FOC，原李属已细分为杏属、桃属、樱属、稠李属等。
84a	6	野杏（山杏） **？5**	蔷薇科	杏属	*Armeniaca vulgaris* var. *ansu* 异名：*Prunus vulgaris* var. *ansu*	▲	主楼草坪西北（P28 待定）、主楼草坪东北（P30 待定）		落叶乔木，高达 10m。小枝较小，长 4-5cm，基部广楔形。花 2 朵稀 3 朵簇生。果较小，径约 2cm，密被绒毛，果肉薄，不开裂，果核网纹明显。	野杏是杏的变种。主楼草坪北部分植株可能为野杏。
85	6	山杏（西伯利亚杏） **？5**	蔷薇科	杏属	*Armeniaca sibirica* 异名：*Prunus sibirica*	▲	主楼草坪西北（P28）、主楼草坪东北（P30）、操场 - 眷 11 号楼（P67 待定）、眷 2 号楼 - 眷 3 号楼（P73 待定）、眷 7 号楼 - 眷 8 号楼（P79 待定）	P31	落叶小乔木，高 3-5m，有时呈灌木状。叶卵圆形或近扁圆形，长（3）5-10cm，先端尾尖，锯齿圆钝。花单生，白色或粉红色，近无梗；叶前开花。果小而肉薄，密被短绒毛，成熟后开裂，几乎不能吃。	校园内的山杏尚未明确区分出是野杏还是西伯利亚杏，可能两种皆有，目前均暂记为后者。
86a	6	'三轮玉蝶'梅【真梅系】	蔷薇科	杏属	*Armeniaca mume* 'Sanlunyudie' 异名：*Prunus mume* 'Sanlunyudie'	★	森工楼南学子情（P32）、操场 - 眷 11 号楼（P67）	P33	落叶小乔木。小枝绿色。叶卵形或椭圆状卵形，长 4-7cm，先端尾尖或渐尖，基部广楔形至近圆形，锯齿细尖，无毛；叶柄有腺体。花重瓣，白色。	'三轮玉蝶'梅是梅的栽培品种，属于真梅系。
86b	6	'香瑞白'梅【真梅系】	蔷薇科	杏属	*Armeniaca mume* 'Xiangruibai' 异名：*Prunus mume* 'Xiangruibai'	★	操场 - 眷 11 号楼（P67）	P67	落叶小乔木。小枝绿色。花重瓣，白色。	'香瑞白'梅是梅的栽培品种，属于真梅系。
87a	6	'丰后'梅【杏梅系】	蔷薇科	杏属	*Armeniaca mume* 'Fenghou' 异名：*Prunus mume* 'Fenghou'	★	森工楼南学子情（P32）	P33	落叶小乔木。枝叶形态介于杏和梅之间，小枝红褐色。花较似杏，花托肿大，花粉红色，重瓣，花萼反卷。	'丰后'梅是梅的栽培品种，属于杏梅系，是梅与杏或山杏的杂交种。
87b	6	'淡丰后'梅【杏梅系】	蔷薇科	杏属	*Armeniaca mume* 'Danfenghou' 异名：*Prunus mume* 'Danfenghou'	▲	眷 16 号楼 - 眷 18 号楼（P60）、操场 - 眷 11 号楼（P67）、操场 - 眷 1 号楼（P68）、眷 2 号楼 - 眷 3 号楼（P73）	P69	落叶小乔木。枝叶形态介于杏和梅之间，小枝红褐色。花较似杏，花托肿大，花淡粉红色，重瓣，花萼反卷。	'淡丰后'梅是梅的栽培品种，属于杏梅系，是梅与杏或山杏的杂交种。
87c	6	'送春'梅【杏梅系】	蔷薇科	杏属	*Armeniaca mume* 'Songchun' 异名：*Prunus mume* 'Songchun'	▲	操场 - 眷 11 号楼（P67）、幼儿园东（P67）、眷 2 号楼 - 眷 3 号楼（P72）	P67	落叶小乔木。枝叶形态介于杏和梅之间，小枝红褐色。花较似杏，花托肿大，花粉红色，重瓣，花萼反卷。	'送春'梅是梅的栽培品种，属于杏梅系，是梅与杏或山杏的杂交种。
88a	6	'美人'梅【樱李梅系】	蔷薇科	杏属	*Armeniaca mume* 'Meiren' 异名：*Prunus mume* 'Meiren'	▲	林业楼 - 生物楼（P21）、森工楼南学子情（P32）、操场 - 眷 11 号楼（P67）、操场 - 眷 1 号楼（P68）、眷 3 号楼东（P73）	P33	落叶小乔木。枝叶似紫叶李。花较似梅，淡紫红色，半重瓣或重瓣，花梗长约 1cm；花叶同放，花期晚于真梅和杏梅。	'美人'梅是梅的栽培品种，属于樱李梅系，是紫叶李与'宫粉'梅的人工杂交种。

序号	类型	名称	科名	属名	拉丁学名	分布频率	分布位置	图片位置	识别特点简述	备注
89	6	桃	蔷薇科	桃属	Amygdalus persica 异名: Prunus persica	▲	学3号楼东 (P7)、沁园餐厅东 (P12)、幼儿园-眷12号楼 (P70)、科3号楼东北 (P75)、眷8号楼-眷10号楼 (P80)	P70	落叶小乔木，高 3-5m。小枝无毛，冬芽有毛，3枚并生。叶长椭圆状披针形，长 7-16cm，中部最宽，先端渐尖，基部广楔形，缘有细锯齿；叶柄具腺体。花粉红色，萼外有毛，花瓣5。果实为"桃"，果肉厚而多汁，表面被柔毛。	眷12号楼的植株为原种桃，其余植株可能为其栽培品种。
89a	6	碧桃	蔷薇科	桃属	Amygdalus persica 'Duplex' 异名: Prunus persica 'Duplex'	▲	学1号楼-学2号楼 (P4)、学2号楼-学3号楼 (P6)、二食堂东 (P16)、主楼-东配楼(P26)、正门西(P28)、眷15号楼北 (P66) 等	P17	落叶小乔木。花较小，粉红色，重瓣或半重瓣。	碧桃是桃的栽培品种。
89b	6	白碧桃	蔷薇科	桃属	Amygdalus persica 'Albo-plena' 异名: Prunus persica 'Albo-plena'	★	学2号楼-学3号楼(P6)	P7	落叶小乔木。花大，白色，重瓣，密生。	白碧桃是桃的栽培品种。
89c	6	紫叶桃	蔷薇科	桃属	Amygdalus persica 'Atropurpurea' 异名: Prunus persica 'Atropurpurea'	▲	二食堂东 (P16)、学9号楼东北 (P17)、生物楼-行政楼 (P19)、主楼-东配楼 (P26)、二教西 (P44)、图书馆西 (P56) 等	P44	落叶小乔木。嫩枝紫红色，后渐变为近绿色。花单瓣或重瓣，粉红或大红色。校园内的紫叶桃多为红色重瓣花。图书馆西这一排紫叶桃中有部分植株为'凝霞紫叶'品种 Prunus persica 'Ningxiaziye'，花深红色重瓣，内有白色斑点或条纹；部分植株为粉红色单瓣花。	紫叶桃是桃的栽培品种。
89d	6	垂枝桃	蔷薇科	桃属	Amygdalus persica 'Pendula' 异名: Prunus persica 'Pendula'	★	博物馆东南小花园 (P48)	P49	落叶小乔木。枝条下垂。花多近于重瓣，有白、粉红、红等花色品种。校园内有 5 株垂枝桃，其中 1 株为白色重瓣花，4 株为红色重瓣花。	垂枝桃是桃的栽培品种。
89e	6	帚形桃 (塔形桃)	蔷薇科	桃属	Amygdalus persica 'Pyramidalis' 异名: Prunus persica 'Pyramidalis'	▲	眷11号楼东 (P67)、眷8号楼-眷10号楼 (P80)	P81	落叶小乔木。枝条近直立向上，成窄塔形或帚形树冠。花粉红色，单瓣或半重瓣。校园内的帚形桃为粉红色重瓣花。	帚形桃是桃的栽培品种。2013年新增树种。
90	6	山桃	蔷薇科	桃属	Amygdalus davidiana 异名: Prunus davidiana		林业楼-生物楼 (P21)、主楼-西配楼 (P25)、正门东 (P30)、博物馆东南小花园 (P47)、眷16号楼-眷18号楼 (P60) 等	P24	落叶小乔木，高达 10m。树皮暗紫色，有光泽，有横生皮孔；小枝较细，冬芽无毛。叶长卵状披针形，长 5-10cm，中下部最宽。花淡粉红色，花瓣 5，萼片外无毛，早春叶前开花。果较小，果肉干燥。	
90a	6	曲枝山桃	蔷薇科	桃属	Amygdalus davidiana 'Tortuosa' 异名: Prunus davidiana 'Tortuosa'	★	眷8号楼-眷10号楼 (P80)	P80	落叶小乔木。枝近直立而自然扭曲。花淡粉红色，单瓣。	曲枝山桃是山桃的栽培品种。
90b	6	白花曲枝山桃	蔷薇科	桃属	Amygdalus davidiana 'Alba Tortuosa' 异名: Prunus davidiana 'Alba Tortuosa'	▲	林业楼-生物楼 (P21)、主楼草坪东 (P30)、眷8号楼-眷10号楼(P80)	P23	落叶小乔木。枝近直立而自然扭曲。花白色，单瓣。	白花曲枝山桃是山桃的栽培品种。
91	7	榆叶梅	蔷薇科	桃属	Amygdalus triloba 异名: Prunus triloba	▲	生物楼-行政楼 (P18)、科3号楼东 (P75)、眷4号楼-眷5号楼 (P76)	P77	落叶灌木，高达 2-3m。小枝细长，冬芽 3 枚并生。叶倒卵状椭圆形，长 2.5-5cm，先端有时有不明显 3 浅裂，缘有重锯齿，似榆树叶，故称"榆叶梅"，背面有毛或仅脉腋有簇毛。花粉红色，单瓣，径 1.5-2 (3) cm，春天叶前开花。果近球形，径 1-1.5cm，红色，密被柔毛。	
91a	7	重瓣榆叶梅	蔷薇科	桃属	Amygdalus triloba 'Plena' 异名: Prunus triloba 'Plena'		学6号楼南 (P8)、生物楼-行政楼 (P18)、林业楼-生物楼 (P20)、森工楼-理化楼 (P39)、图书馆-一教 (P56)、眷4号楼-眷5号楼 (P76) 等	P54	落叶灌木。花较大，粉红色，重瓣，萼片通常为10；花朵密集艳丽。	重瓣榆叶梅是榆叶梅的栽培品种。
92	7	毛樱桃	蔷薇科	樱属	Cerasus tomentosa 异名: Prunus tomentosa	★	博物馆东南小花园 (P48)、眷3号楼-眷4号楼 (P72)	P49	落叶灌木，高 2-3m。幼枝密被绒毛，冬芽 3 枚并生。叶椭圆形或倒卵形，长 3-5cm，缘有不整齐尖锯齿，两面具绒毛。花白色或略带粉红色，径 1.5-2cm，萼筒管状，花梗甚短；与叶同放。果红色，径 0.8-1cm，无纵沟。	
93	6	樱桃	蔷薇科	樱属	Cerasus pseudocerasus 异名: Prunus pseudocerasus	★	幼儿园-眷12号楼 (P70)、眷2号楼-眷3号楼 (P73)	P70	落叶小乔木，高达 6m。腋芽单生。叶卵状椭圆形，长 5-10cm，先端渐尖或尾尖，基部圆形，缘有大小不等的尖锐重锯齿，齿尖有小腺体。花白色，径 1.5-2.5cm，花瓣端凹缺，花柱无毛，萼筒及花梗有毛；2-6 朵成伞房状花序。果红色或橘红色，为"樱桃"，径 0.9-1.3cm，无纵沟。	2013年新增树种。

序号	类型	名称	科名	属名	拉丁学名	分布频率	分布位置	图片位置	识别特点简述	备注
94	6	大岛樱 ?7	蔷薇科	樱属	*Cerasus speciosa* 异名： *Prunus speciosa*	★	眷17号楼-眷19号楼（P58、59）	P59	落叶乔木。树皮暗栗褐色，光滑；小枝无毛，腋芽单生。叶卵状椭圆形，长4-10cm，缘有芒状单或重锯齿，背面苍白色。花白色或淡粉红色，花瓣5，有香气，萼筒管状，基部渐狭，花萼花梗均无毛；3-5朵成短总状花序。果黑色，径6-8mm。	此植株存疑。
94a	6	'薄重'大岛樱 ?7	蔷薇科	樱属	*Cerasus speciosa* 'Semiplena' 异名： *Prunus speciosa* 'Semiplena'	★	理化楼-实验楼（P40）	P40	落叶乔木。花较大，白色，半重瓣，花瓣5-10不等。	此植株存疑。'薄重'大岛樱是大岛樱的栽培品种。
95a	6	日本晚樱（里樱）	蔷薇科	樱属	*Cerasus serrulata* var. *lannesiana* 异名： *Prunus serrulata* var. *lannesiana*	▲	林业楼-生物楼（P21）、林业楼东南（P23）、幼儿园-眷12号楼（P70）、眷8号楼-眷10号楼（P81）	P23	落叶乔木，高达10m。干皮浅灰色。叶缘重锯齿具长芒。花粉红色或白色，有香气，多为重瓣，花萼钟状而无毛；花2-5朵聚生，具叶状苞片；花期较其他樱花晚而长。	日本晚樱是樱花的变种。
96a	6	'染井吉野'樱花 ?7	蔷薇科	樱属	*Cerasus* × *yedoensis* 'Somei-Yoshino' 异名： *Prunus* × *yedoensis* 'Somei-Yoshino'	▲	行政楼-博物馆（P50）、眷8号楼-眷10号楼（P81待定）	P51	落叶乔木，高达15m。树皮暗灰色，平滑。嫩枝有毛。叶椭圆状卵形或倒卵状椭圆形，长5-12cm，先端渐尖或尾尖，缘具尖锐重锯齿，背脉及叶柄具柔毛。花淡粉红色，花瓣5，先端凹缺，无香气，萼筒短管状而有毛，萼片有细尖腺齿，花梗有毛；4-6朵成伞形或短总状花序；叶前开放，花期较早。	'染井吉野'樱花是东京樱花的栽培品种。2013年新增树种。
97	6	稠李	蔷薇科	稠李属	*Padus avium* 异名： *Prunus padus*	★	生物楼-行政楼（P19）	P19	落叶乔木，高达13-15m。叶卵状长椭圆形至倒卵形，长5-12cm，先端渐尖，基部圆形或近心形，缘有细尖锯齿，无毛或仅背面脉腋有簇毛；叶柄具腺体，无毛。花白色，有清香，径1-1.5cm，雄蕊长不足花瓣长之半，花梗长1-1.5cm；约20朵成下垂总状花序，长7.5-15cm，基部有叶。果黑色，径6-8mm。	2012年新增树种。
98a	6	紫叶稠李	蔷薇科	稠李属	*Padus virginiana* 'Canada Red' 异名： *Prunus virginiana* 'Canada Red'	▲	学研中心东（P35、37）、学研中心-二教（P36）、眷3号楼东（P73）	P35	落叶小乔木，高达7m。小枝褐色。叶卵状长椭圆形至倒卵形，长5-14cm，新叶绿色，后变紫色，叶背发灰。花白色，成下垂的总状花序。果红色，后变紫黑色。	紫叶稠李是弗吉尼亚稠李的栽培品种。2013年新增树种。
99	7	水栒子（多花栒子）	蔷薇科	栒子属	*Cotoneaster multiflorus*	▲	学8号楼东（P12）、学10号楼西南（P12）、学研中心西北（P36）	P13	落叶灌木，高达4-5m。小枝细长拱形，幼时紫色并有毛。叶卵形，长2-5cm，幼时背面有柔毛，后脱落。花白色，径1-1.2cm，花瓣5，近圆形，花萼无毛；聚伞花序，有花6-21朵。果红色，径约8mm，常仅1核。	
100	5	平枝栒子（铺地蜈蚣）	蔷薇科	栒子属	*Cotoneaster horizontalis*	▲	主楼草坪北（P29）、学研中心-二教（P36、37）、博物馆东南小花园（P49）	P37	半常绿灌木匍匐状，冠幅达2m。枝近水平开展，小枝在大枝上成二列状；小枝黑褐色，幼时有粗伏毛，后脱落。叶较小，近圆形或倒卵形，长5-15mm，先端急尖，全缘，背面有柔毛；叶柄长1-3mm，有柔毛。花1-2（3）朵，粉红色，径5-7mm。果鲜红色，径约7mm，常为3核。	
101	6	山楂	蔷薇科	山楂属	*Crataegus pinnatifida*	▲	学4号楼-学5号楼（P10）、学7号楼-学10号楼（P12）、林业楼-生物楼（P20）、正门西（P28）、正门东（P30）、眷16号楼-眷18号楼（P60）等	P23	落叶小乔木，高达8m。常有枝刺。单叶互生，卵形，长5-10cm，羽状5-9裂，裂缘有锯齿；托叶大，呈蝶翅形；秋色叶变红。花白色，顶生伞房花序。梨果近球形，红色，径1.5-2cm，皮孔白色。	
01a	6	山里红（大山楂）	蔷薇科	山楂属	*Crataegus pinnatifida* var. *major*				落叶小乔木。果较大，径达2.5cm。叶也较大而羽裂较浅。	山里红是山楂的变种。校园内的部分山楂应为山里红，尚未明确区分。
02	4	枇杷	蔷薇科	枇杷属	*Eriobotrya japonica*	★	眷3号楼-眷4号楼（P72）	P72	常绿小乔木，高达10m。小枝、叶背、花序均密生锈色绒毛。单叶互生，叶较大，革质，长椭圆状倒披针形，长12-30cm，先端尖，基部渐狭并全缘，中上部疏生浅齿，表面羽状脉凹入。花白色，芳香；成顶生圆锥花序。果近球形，径2-4cm，橙黄色，为"枇杷"。初冬开花，翌年初夏果熟。	
03	6	花楸树（百华花楸）	蔷薇科	花楸属	*Sorbus pohuashanensis*	★	生物楼-行政楼（P19）	P19	落叶小乔木，高达8m。小枝幼时被绒毛，冬芽密被白色绒毛。羽状复叶互生，小叶11-15，长椭圆形，长3-5cm，中部以上有锯齿，背面粉白色，有柔毛；托叶大，有齿裂。花小而白色；顶生复伞房花序，花梗及花序梗有白色绒毛。梨果红色，径6-8mm。	2013年新增树种。
04	7	贴梗海棠	蔷薇科	木瓜属	*Chaenomeles speciosa*	▲	学6号楼南（P8）、学5号楼-学6号楼（P8）、主楼草坪西北（P29）、眷17号楼-眷19号楼（P58）、操场-眷11号楼（P67）	P9	落叶灌木，高达2m。枝开展，光滑，有枝刺。单叶互生，长卵形至椭圆形，长3-8cm，缘有锐齿，表面无毛而有光泽，背面无毛或仅脉上稍有毛；托叶大，肾形或半圆形。花3-5朵簇生于2年生枝上，花朱红、粉红或白色，径达3.5cm，花梗甚短，故称"贴梗海棠"。梨果卵形或近球形，径4-6cm，黄色，有香气。	

序号	类型	名称	科名	属名	拉丁学名	分布频率	分布位置	图片位置	识别特点简述	备注
104a	7	白花贴梗海棠 **?12**	蔷薇科	木瓜属	*Chaenomeles speciosa* 'Alba'	★	操场 - 眷 11 号楼（P67）	P67	落叶灌木。花白色，单瓣。	此植株存疑。白花贴梗海棠是贴梗海棠的栽培品种。
105	6	海棠果（楸子）**?8**	蔷薇科	苹果属	*Malus prunifolia*	▲	学 2 号楼 - 学 3 号楼（P6 待定）、学 3 号楼 - 学 9 号楼（P16 待定）、眷 4 号楼西北（P74 待定）	P16	落叶小乔木，高达 8m。小枝幼时有柔毛。叶卵形至椭圆形，长 5-10cm，先端尖，基部广楔形，缘有细尖齿，背面沿脉常有柔毛。花蕾浅粉红色，开放后白色，单瓣，萼片比萼筒长而尖，宿存。果红色（偶有黄色），径 2-2.5cm，可宿存枝上至冬天。	校园内的海棠果与海棠花尚未明确区分，目前均暂记为海棠。
106	6	海棠花（海棠）**?8**	蔷薇科	苹果属	*Malus spectabilis*	▲	学 2 号楼 - 学 3 号楼（P6 待定）、学 3 号楼 - 学 9 号楼（P16 待定）、眷 4 号楼西北（P74 待定）	P16	落叶小乔木，高达 9m。树态峭立。枝条红褐色。叶椭圆形至卵状长椭圆形，长 5-8cm，先端尖，基部广楔形或圆形，缘具紧贴细锯齿；叶柄长 1.5-2cm。花在蕾时深粉红色，开放后淡粉红色至近白色；萼片较萼筒短或等长，三角状卵形，宿存。果黄色，径约 2cm，基部无凹陷，果梗端肥厚。	含部分栽培品种，各品种尚未细分。
106a	6	重瓣粉海棠（西府海棠）	蔷薇科	苹果属	*Malus spectabilis* 'Riversii'		学 7 号楼 - 学 10 号楼（P12）、生物楼 - 行政楼（P18）、林业楼 - 生物楼（P20）、学研中心北（P37）、行政楼北（P52）等	P47	落叶小乔木。花较大，重瓣，粉红色。叶也较宽大。老树枝干常有瘤状突起。	重瓣粉海棠是海棠花的栽培品种。
107	6	小果海棠 **?8**	蔷薇科	苹果属	*Malus* × *micromalus*	★	东配楼东（P38）	P38	落叶小乔木，高达 5m，树态峭立。小枝紫褐色或暗褐色，幼时有短柔毛。叶较狭长，基部多为楔形，锯齿尖细；叶柄较细长，长 2-3.5cm。花粉红色，单瓣，有时为半重瓣，花梗及花萼均有柔毛；萼片与萼筒近等长，常脱落。果红色，径 1-1.5cm，基部梢洼下陷。	此植株存疑。小果海棠是山荆子与海棠花的杂交种。
108a	6	'王族'海棠 **?8**	蔷薇科	苹果属	*Malus* 'Royalty'	▲	森工楼南学子情（P32）、一教南（P57）	P55	落叶小乔木。叶椭圆形，新叶红色。花深紫色，单瓣。果深紫色，径约 1.5cm。	此植株存疑。'王族'海棠是海棠花的栽培品种，是近年来从北美引进的观赏海棠品种之一，这类品种俗称"北美海棠"。2013 年新增树种。
109a	6	西洋梨	蔷薇科	梨属	*Pyrus communis* var. *sativa*	★	眷 4 号楼 - 眷 5 号楼（P76）	P77	落叶乔木，高达 15m。枝直立性强，有时具刺。叶卵形至椭圆形，长 4-8cm，锯齿细钝，幼时两面有柔毛，后仅背脉有柔毛。花白色，单瓣；与叶同放。果梨形，黄色或黄绿色，萼常宿存。	
110	6	杜梨	蔷薇科	梨属	*Pyrus betulifolia*	★	学 5 号楼东北（P11）	P11	落叶乔木，高达 10m。小枝有时棘刺状，幼枝密被灰白色绒毛。叶菱状长卵形，长 4-8cm，缘有粗尖齿，幼时两面具绒毛，老叶仅叶背有绒毛。花白色，单瓣，花瓣 5，花柱 2-3；花序密被灰白色绒毛。果小，径 0.5-1cm，褐色。	
111	6、7	紫荆	豆科 / 云实科（苏木科）	紫荆属	*Cercis chinensis*		学 1 号楼南（P4）、学 1 号楼 - 学 2 号楼（P4）、学 4 号楼（P11）、森工楼 - 理化楼（P38）、行政楼东北（P52）、眷 19 号楼西（P58）等	P5	落叶灌木或小乔木，高 2-4m。单叶互生，心形，长 5-13cm，全缘，叶缘有增厚的透明边，光滑无毛；叶柄顶端膨大。花假蝶形，紫红色，5-8 朵簇生于老枝及茎干上。荚果腹缝具窄翅。	依据克朗奎斯特系统分为豆科、云实科（苏木科）、蝶形花科 3 个科，依据哈钦松和塔赫他间以及恩格勒系统均为豆科。
112	6	皂荚（皂角）	豆科 / 云实科（苏木科）	皂荚属	*Gleditsia sinensis*	▲	主楼草坪东（P31）、科 2 号楼 - 科 3 号楼（P74）、科 3 号楼西南（P74 待定）、眷 5 号楼西（P76）	P75	落叶乔木，高达 30m。树干或大枝具分枝圆刺。一回偶数羽状复叶，小叶 3-7 对，卵状椭圆形，长 3-10cm，先端钝，缘有细钝齿。荚果直而扁平，较肥厚，长 12-30cm。	
113	6	美国肥皂荚	豆科 / 云实科（苏木科）	肥皂荚属	*Gymnocladus dioicus*	▲	学 6 号楼南（P8）、主楼 - 东配楼（P26）、主楼草坪东（P31）、操场 - 眷 1 号楼（P68）、眷 5 号楼西北（P76）	P27	落叶乔木，高达 30m。树皮条片状裂，无刺。二回羽状复叶互生，羽片 3-7 对，上部羽片具小叶 3-7 对，最下部常减少成一片小叶；小叶卵形或卵状椭圆形，长 5-8cm，先端锐尖，基部偏斜，全缘。花淡绿白色。荚果长 15-25cm，肥厚。	
114	6	国槐（槐树）	豆科 / 蝶形花科	槐树属	*Sophora japonica*		学 5 号楼 - 学 6 号楼（P8）、东配楼东（P38）、理化楼 - 实验楼（P40）、博物馆东南小花园（P46、48）、田家炳体育馆北道路两侧（P65、69）等	P46	落叶乔木，高达 25m。树皮灰黑色，浅裂，小枝绿色。奇数羽状复叶互生，小叶 7-17，对生或近对生，卵状椭圆形，长 2.5-5cm，全缘，先端渐尖，基部宽楔形或近圆形，稍偏斜。花冠蝶形，黄白色；顶生圆锥花序，常呈金字塔形，长达 30cm；花期 7 月。荚果肉质，绿色，念珠状。	
114a	6	龙爪槐	豆科 / 蝶形花科	槐树属	*Sophora japonica* 'Pendula'		学 5 号楼 - 学 6 号楼（P8）、主楼西（P24）、东配楼东（P38）、图书馆 - 眷 19 号楼（P58）、图书馆 - 眷 18 号楼（P60）、老干部活动中心西（P82）等	P82	落叶乔木。小枝柔软下垂，树冠伞形。通常以槐树作砧木进行高干嫁接而成。	龙爪槐是国槐的栽培品种。

序号	类型	名称	科名	属名	拉丁学名	分布频率	分布位置	图片位置	识别特点简述	备注
114b	6	金枝槐	豆科 / 蝶形花科	槐树属	*Sophora japonica* 'Chrysoclada'	★	二教东（P42）	P43	落叶乔木。秋季小枝变为金黄色。	金枝槐是国槐的栽培品种。2013年新增树种。
114c	6	畸叶槐（五叶槐、蝴蝶槐）	豆科 / 蝶形花科	槐树属	*Sophora japonica* 'Oligophylla'	★	正门西（P28）、实验楼北（P44）	P45	落叶乔木。小叶 5-7，常簇集在一起，大小和形状均不整齐，有时 3 裂。生长势较弱，嫁接繁殖。	畸叶槐是国槐的栽培品种。
115	7	白刺花（马蹄针）	豆科 / 蝶形花科	槐树属	*Sophora davidii*	★	一教 - 环境楼（P57）	P55	落叶灌木，高达 2.5m。多分枝，枝具长针刺，小枝有毛。羽状复叶互生，小叶 13-19，长椭圆形，长 6-10mm，先端钝并具小尖头。花白色或染淡蓝紫色，花丝离生；6-12 朵成总状花序。荚果串珠状，长 2.5-6cm，顶端长喙状。	
116	6	刺槐（洋槐）	豆科 / 蝶形花科	刺槐属	*Robinia pseudoacacia*	★	学 4 号楼 - 学 5 号楼（P10）、学 4 号楼 - 二食堂（P10）、主楼草坪西侧（P28）、行政楼 - 博物馆（P50）、图书馆 - 一教（P56）、卷 1 号楼东（P69）等	P51	落叶乔木，高达 25m。干皮深纵裂，幼树之枝具托叶刺，冬芽藏于叶痕内。羽状复叶互生，小叶 7-19，椭圆形，长 2-5cm，全缘，先端微凹并有小刺尖。花蝶形，白色，芳香；成下垂总状花序；花期 4-5 月。荚果扁平，条状。	行政楼 - 博物馆之间的刺槐可能为四倍体刺槐。
116a	6	红花刺槐	豆科 / 蝶形花科	刺槐属	*Robinia pseudoacacia* 'Decaisneana'	▲	学 5 号楼西（P8）、主楼西（P24）	P25	落叶乔木。花亮玫瑰红色。	红花刺槐是刺槐的栽培品种。
117	7	花木蓝（吉氏木蓝）	豆科 / 蝶形花科	木蓝属	*Indigofera kirilowii*	★	卷 8 号楼 - 卷 10 号楼（P80）	P80	落叶灌木，高达 1-1.5m。羽状复叶互生，小叶 7-11，卵状椭圆形至倒卵形，长 1.5-3cm，两面疏生白丁字毛。花淡紫红色，无毛，长 1.5-2cm；腋生总状花序与复叶近等长，约 12cm。	
118	7	金雀儿	豆科 / 蝶形花科	锦鸡儿属	*Caragana rosea*	★	主楼草坪西（P28）	P29	落叶灌木，高达 1-2m。小枝细长，有棱，长枝上托叶刺存，叶轴刺脱落或宿存。羽状复叶互生，小叶 4，呈掌状排列，楔形倒卵形，长 1-2.5cm，先端圆或微凹，具短刺尖，背面无毛或沿脉疏生柔毛。花单生，橙黄色，旗瓣狭长，萼筒常带紫色。	
119	6、7	树锦鸡儿	豆科 / 蝶形花科	锦鸡儿属	*Caragana arborescens* 异名：*Caragana sibirica*	★	二教东南（P42）	P42	落叶灌木或小乔木，高 2-5（7）m。树皮平滑，灰绿色，枝具托叶刺。羽状复叶互生，小叶 8-14，倒卵形至长椭圆形，长 1-2.5cm，先端圆钝而具小尖头，基部圆形，幼时两面有毛，后脱落，叶轴端成短针刺。花黄色，花梗较萼长 2 倍以上，常 2-5 朵簇生。荚果圆筒形。	2013年新增树种。
120	6、7	金链花（毒豆）	豆科 / 蝶形花科	毒豆属	*Laburnum anagyroides*	★	森工楼南学子情（P32）	P33	落叶灌木或小乔木，高达 6-9m。小枝绿色，被平伏柔毛；三出复叶互生，具长柄，长 3-8cm；小叶卵状椭圆形至椭圆形倒卵形，长 2-8cm，先端钝圆，具小尖头，基部阔楔形，全缘，背面有毛。花金黄色，蝶形，长 2.5cm，花丝合生成筒状，花萼二唇形；总状花序顶生，下垂，长 10-30cm，形似金项链，故称"金链花"。荚果线形，长 4-8cm。植株全株有毒，以果实种子为甚。	
121	7	杭子梢	豆科 / 蝶形花科	杭子梢属	*Campylotropis macrocarpa*	★	学 4 号楼 - 学 5 号楼（P10）	P11	落叶灌木，高 1-2m。幼枝密被白色绢毛，无明显棱角。三出复叶互生，具宿存托叶；小叶椭圆形，长 2-5cm，先端钝或微凹，具小尖头，全缘，背面有绢毛，网脉清细而密（半透明）。花紫红色，蝶形，萼 5 裂，上两片合生，花梗在花萼下具关节；苞片脱落，苞腋具 1 朵花 总状花序；花期 8-10 月，为夏秋开花树种。荚果具 1 个种子。	
122	9	紫藤	豆科 / 蝶形花科	紫藤属	*Wisteria sinensis*	★	学 7 号楼 - 学 10 号楼（P12）、林业楼 - 生物楼（P21）、行政楼 - 博物馆（P50）、卷 1 号楼 - 卷 2 号楼（P68）、卷 3 号楼 - 卷 4 号楼（P72）等	P51	落叶缠绕大藤本，茎左旋性，长可达 18-30(40)m。羽状复叶互生，有小叶 7-13，卵状长椭圆形，长 4.5-8cm，先端渐尖，基部楔形，成熟叶无毛或近无毛。花蝶形，堇紫色，芳香；成下垂总状花序，长 15-20（30）cm。荚果长条形，密生黄色绒毛。	
123	5	胡颓子	胡颓子科	胡颓子属	*Elaeagnus pungens*	★	学 7 号楼东南（P15）	P14	常绿灌木，高达 3-4m。小枝有锈色鳞片，刺较少。叶椭圆形，长 5-7cm，全缘而常波状，革质，有光泽，背面银白色并有锈褐色斑点。花银白色，芳香。果椭球形，长约 1.5cm，红色。9-11 月开花，翌年 5 月果熟。	2015年新增树种。
124	6、7	紫薇（痒痒树、百日红）	千屈菜科	紫薇属	*Lagerstroemia indica*	★	学 1 号楼东（P4）、学 2 号楼 - 学 3 号楼（P6）、学 7 号楼东（P14）、二教北（P44）、操场 - 卷 11 号楼（P67）等	P45	落叶灌木或小乔木，高达 3-6（8）m。树皮薄片脱落后特别光滑；小枝四棱状。叶椭圆形或卵形，长 3-7cm，全缘，近无柄。花亮粉红色至紫红色，径达 4cm，花瓣 6，皱波状或细裂状，具长爪；成顶生圆锥花序；花期很长，7-9 月开花不绝，为夏秋开花树种。蒴果近球形，6 瓣裂。	
125	6、7	石榴（安石榴）	石榴科	石榴属	*Punica granatum*	★	卷 17 号楼 - 卷 19 号楼（P58）、卷 16 号楼 - 卷 18 号楼（P60）、卷 2 号楼 - 卷 3 号楼（P72）、科 2 号楼 - 科 3 号楼（P74）、卷 6 号楼 - 卷 7 号楼（P79）等	P75	落叶灌木或小乔木，高 2-7m。枝常有刺；干皮灰褐色，多向左右扭转，上有瘤状突起。单叶对生或簇生，长椭圆形倒披针形，长 3-6cm，全缘，亮绿色，无毛。花深红色，单生枝端；花萼钟形，紫红色，质厚。浆果球形，为石榴，径 6-8cm，古铜黄色或古铜红色，具宿存花萼；种子多数，具肉质外种皮，汁多可食。	

序号	类型	名称	科名	属名	拉丁学名	分布频率	分布位置	图片位置	识别特点简述	备注
126	6	珙桐（中国鸽子树）	珙桐科（蓝果树科）	珙桐属	*Davidia involucrata*	★	林业楼 - 生物楼（P21）	P21	落叶乔木，高达20m。单叶互生，广卵形，长7-16cm，先端突尖，基部心形，缘有粗齿状，背面密生丝状绒毛。花杂性，两性花与雄花同株；头状花序（仅1朵两性花，其余为雄花）下有2枚白色叶状大苞片，椭圆状卵形，长8-15cm，中上部有锯齿，如鸽子，故称"鸽子树"。核果椭球形，长3-4cm，具3-5核。	现植株已死亡，仅存根部萌蘗苗。中国特产树种，国家一级保护植物。2012年新增树种。
127	7	红瑞木	山茱萸科	梾木属	*Cornus alba*	▲	学9号楼东（P17）、生物楼 - 行政楼（P19）	P19	落叶灌木，高达3m。枝条常年鲜红色，无毛，常被白粉。单叶对生，卵形或椭圆形，长4-9cm，背面灰白色，叶脉弧形。花小，白色至黄白色，花瓣4；伞房状聚伞花序顶生。核果球形，白色或略带蓝色。	
128	6	毛梾木（车梁木）	山茱萸科	梾木属	*Cornus walteri*	★	森工楼南学子情（P32）、眷8号楼 - 眷10号楼（P80）	P80	落叶乔木，高达15（30）m。树皮厚，黑褐色，纵裂而又横裂成块状；幼枝有灰白色平伏毛。叶对生，椭圆形至长椭圆形，长4-10cm，侧脉4-5对，叶脉弧形，两面被平伏柔毛，背面较密。花白色，有香气，径约9.5mm；聚伞花序伞房状。核果黑色，径约6-8mm。	
129	6	丝绵木（明开夜合、白杜）	卫矛科	卫矛属	*Euonymus maackii*	★	学5号楼西（P10）、主楼 - 西配楼（P24）、学研中心西（P36）、理化楼 - 实验楼（P40）、一教 - 环境楼（P57）等	P25	落叶小乔木，高达8m。树皮网状裂；小枝细长，绿色光滑。叶菱状椭圆形、卵状椭圆形至披针状长椭圆形，长4-8cm，先端长锐尖，缘有细齿，叶柄长2-3cm。花淡黄绿色，花部4数，花药紫色；腋生聚伞花序。蒴果4深裂，有突出的四棱角，径约1cm；种子有橘红色的假种皮。	
130	4、5	大叶黄杨（冬青卫矛）	卫矛科	卫矛属	*Euonymus japonicus*	★	学1号楼东（P4）、生物楼 - 行政楼（P18）、林业楼西（P22）、行政楼 - 博物馆（P50）、图书馆南（P54）等	P55	常绿灌木或小乔木，高达8m。叶倒卵状椭圆形，长3-7cm，缘有钝齿，革质光亮。花绿白色，4基数；腋生聚伞花序，花序梗及分枝生而扁。蒴果扁球形，粉红色，熟后4瓣裂；假种皮橘红色。	大叶黄杨与黄杨非同科植物，在园林界常用"大叶黄杨"与"小叶黄杨"俗称相区别。
130a	5	北海道黄杨	卫矛科	卫矛属	*Euonymus japonicus* 'Cuzhi'	▲	科贸楼 - 林业楼（P22）、森工楼南学子情（P32）、二教北（P44）、行政楼北（P52、53）	P23	常绿灌木，植株较高，高可达2-3m，通常用作绿篱围墙。枝叶翠绿，果色艳丽；观赏性及耐寒性均较原种强。	北海道黄杨是大叶黄杨的栽培品种。
131	5、8	扶芳藤（扶房藤）	卫矛科	卫矛属	*Euonymus fortunei*	★	科贸楼 - 林业楼（P22）、主楼西（P24）、森工楼南学子情（P32）、学研中心西（P34）、行政楼北（P52、53）等	P55	常绿藤木。茎匍匐或攀援，能随处生细根。叶薄革质，长卵形至椭圆状倒卵形，长3-7cm，缘具钝齿，基部广楔形；叶柄短。聚伞花序，花梗短，长2-4mm；聚伞花序3-4次分枝，多花而紧密成团。	近年来常被修剪成球形或绿篱，其形态和大叶黄杨类似，但较为耐寒。
131a	8	爬行卫矛	卫矛科	卫矛属	*Euonymus fortunei* var. *radicans*	▲	学4号楼 - 学5号楼（P10）、科贸楼 - 林业楼（P22）、主楼草坪西南（P28）、主楼草坪东南（P30、31）	P11	常绿藤木。叶较小，长椭圆形，长1.5-3cm，先端较钝，叶缘锯齿尖而明显，背面叶脉不明显。	爬行卫矛是扶芳藤的变种。2014年新增树种。
132	5、8	胶东卫矛（胶州卫矛）	卫矛科	卫矛属	*Euonymus kiautschovicus*	★	生物楼西（P20）	P23	直立或蔓性半常绿灌木，高3-8m。基部枝匍匐并生根，也可借不定根攀缘。叶薄，近纸质，倒卵形至椭圆形，长5-8cm，先端渐尖或钝，基部楔形，缘有齿。花淡绿色，花梗较长（8mm以上）；成疏散的聚伞花序。蒴果扁球形，粉红色，4纵裂，有浅沟。	仅生物楼西这一株为胶东卫矛，其余疑似植株已归入扶芳藤。
133	9	南蛇藤	卫矛科	南蛇藤属	*Celastrus orbiculatus*	★	生物楼西北（P18）	P18	落叶藤木，长达12m。冬芽小，长1-3mm。单叶互生，卵圆形或倒卵形，长3-10cm，缘有疏钝齿。花小，单性或杂性，黄绿色；常3朵腋生成聚伞状。蒴果球形，鲜黄色，径7-9mm，熟时3瓣裂；假种皮深红色。	
134	4、5	黄杨（瓜子黄杨）	黄杨科	黄杨属	*Buxus sinica*	★	学4号楼 - 学5号楼（P10）、林业楼 - 生物楼（P21）、学研中心南（P34）、博物馆东南小花园（P47、49）、一教 - 环境楼（P57）等	P11	常绿灌木或小乔木，高达7m。枝叶较疏散，小枝及冬芽外鳞均有短柔毛。单叶对生，倒卵形、倒卵状椭圆形至广卵形，长1.5-3.5cm，先端圆钝或微凹，革质，仅表面侧脉明显，背面中脉基部及叶柄有毛。花簇生叶腋或枝端。	常被修剪为球形或绿篱，园林界俗称为"小叶黄杨"。
135	5	小叶黄杨 ?12	黄杨科	黄杨属	*Buxus microphylla*	★	森工楼 - 理化楼（P38、39）	P37	常绿灌木，高约1m。小枝方形，有窄翅，通常无毛。叶狭倒卵形至倒披针形，长1-2.5cm，先端圆形或微凹。花多簇生于枝端。	此植株存疑，暂记为小叶黄杨。2015年新增树种。
136	6	枣	鼠李科	枣属	*Ziziphus jujuba*	★	森工楼 - 理化楼（P39）、博物馆东南小花园（P49）、行政楼 - 博物馆（P50）、眷16号楼 - 眷18号楼（P60）、眷3号楼 - 眷4号楼（P72）、科2号楼 - 科3号楼（P74）等	P51	落叶乔木或小乔木，高达10m。枝有长枝、短枝和脱落枝3种，长枝呈之字形曲折，有托叶刺或不明显；当年生枝常簇生于矩状短枝上，冬季脱落。单叶互生，卵形至卵状长椭圆形，长3-6cm，缘有钝齿，基部3主脉。花小，黄绿色，5基数；2-3朵簇生叶腋。核果椭球形，长2-4cm，熟后暗红色，味甜，核两端尖。	
136a	6、7	酸枣	鼠李科	枣属	*Ziziphus jujuba* var. *spinosa*	★	操场 - 眷1号楼（P68）	P68	落叶灌木，高1-3m，也可以长成乔木状。小枝具托叶刺。叶较小，长1.5-3.5cm。核果小，近球形，长0.7-1.5cm，味酸，核两端钝。	酸枣是枣的变种。

序号	类型	名称	科名	属名	拉丁学名	分布频率	分布位置	图片位置	识别特点简述	备注
137	6、7	冻绿	鼠李科	鼠李属	*Rhamnus utilis*	★	林业楼 - 生物楼（P21）	P21	落叶灌木或小乔木，高达 3-4m。枝端刺状。叶互生或近对生，长椭圆形，长 5-12cm，侧脉 5-8 对，缘具细齿。花单性，雌雄异株，4 基数，具花瓣。核果近球形或近球形，成熟时紫黑色。	
138	9	葡萄	葡萄科	葡萄属	*Vitis vinifera*		林业楼 - 生物楼（P21）、眷 17 号楼 - 眷 19 号楼（P58）、操场 - 眷 15 号楼（P66）、幼儿园 - 眷 12 号楼（P71）、眷 7 号楼 - 眷8号楼（P79）等	P75	落叶藤木，长达 10-20m。老茎干皮长条状剥落；小枝光滑，或幼时有卷毛；卷须间歇性与叶对生。单叶互生，近圆形，长 7-20cm，3-5 掌状裂，基部心形，缘有粗齿，两面无毛或背面稍有短柔毛。花小，黄绿色，两性或杂性异株；圆锥花序大而长，与叶对生。浆果近球形，熟时紫红色或黄白色，被白粉。	
139	9	爬山虎（爬墙虎、地锦）	葡萄科	爬山虎属	*Parthenocissus tricuspidata*		学 2 号楼东（P5）、学 3 号楼东（P7）、学 4 号楼北（P10）、博物馆东北围墙边（P53）、眷 12 号楼南（P71）等	P65	落叶藤木，长达 15-20m。借卷须分枝端的黏性吸盘攀援。单叶互生，广卵形，长 10-15 (20) cm，通常 3 裂，基部心形，缘有粗齿；幼苗或营业枝上的叶常全裂成 3 小叶；秋色叶变红。聚伞花序常生于短小枝上。浆果球形，蓝黑色。	
140	9	美国地锦（五叶地锦）	葡萄科	爬山虎属	*Parthenocissus quinquefolia*		学 1 号楼西（P4）、正门东西围墙边（P28、30）、理化楼四周（P39）、操场东围墙边（P65）、眷 15 号楼西北（P66）等	P65	落叶藤木，长达 20m。小枝圆柱形，卷须具 5-12 分枝。掌状复叶，小叶 5，卵状椭圆形，长 15cm，缘有粗齿，具短柄，叶无白粉，背面苍白色；秋色叶变红。花由聚伞花序组成圆锥花序。浆果球形，径约 9mm。	
141	6	栾树	无患子科	栾树属	*Koelreuteria paniculata*		学 1 号楼 - 学 2 号楼（P4）、学 4 号楼 - 学 5 号楼（P10）、主楼西（P24）、主楼草坪西南（P28）、理化楼 - 实验楼（P40）等	P17	落叶乔木，高达 15-25m。一至二 回羽状复叶互生，小叶卵形或卵状椭圆形，有不规则粗齿或羽状深裂。花金黄色，花瓣 4，不整齐；顶生圆锥花序，长达 40cm。蒴果三角状卵形，果皮膜质膨大。	
142	6、7	文冠果	无患子科	文冠果属	*Xanthoceras sorbifolium*	▲	学 2 号楼 - 学 3 号楼（P6）、森工楼 - 理化楼（P39）、眷 17 号楼 - 眷 19 号楼（P59）	P7	落叶灌木或小乔木，高达 3-5 (8) m。羽状复叶互生，小叶 9-19，长椭圆形或披针形，长 2-6cm，缘有锐齿，亮绿色。花杂性，整齐；花瓣 5，白色，缘有皱波，基部有黄紫晕斑；花盘 5 裂，各具一橙黄色角状附属物；顶生总状或圆锥花序，长约 20cm。蒴果椭球形，长 4-6cm，木质，3 瓣裂。	
142a	6、7	红花文冠果	无患子科	文冠果属	*Xanthoceras sorbifolium* 'Rubra'	★	行政楼东南（P19）		落叶灌木或小乔木。花红色。	红花文冠果是文冠果的栽培品种。2013 年新增树种。
143	6	七叶树（梭椤树）	七叶树科	七叶树属	*Aesculus chinensis*	▲	林业楼 - 生物楼（P21）、主楼草坪东树丛内（P30）、森工楼 - 理化楼（P38）、博物馆东南小花园（P48）、眷 16 号楼 - 眷 18 号楼（P60）	P22	落叶乔木，高达 25m。小枝粗壮，无毛，顶芽发达。掌状复叶，小叶通常 7，故称"七叶树"，倒卵状长椭圆形，长 8-20cm，侧脉 13-17 对，缘有细齿，仅背脉有疏毛；小叶柄长 0.5-1 (1.5) cm，有微毛。花瓣 4，白色，花萼外有微柔毛；顶生圆柱状圆锥花序，长 20-25cm，近无毛。蒴果球形，无刺，也无突出尖头，果壳厚 5-6mm。	
144	6	欧洲七叶树	七叶树科	七叶树属	*Aesculus hippocastanum*	★	正门东（P30）、眷 16 号楼 - 眷 18 号楼（P60）	P31	落叶乔木，高达 35-40m。树冠卵形，下部枝下垂；冬芽多树脂。掌状复叶，小叶 5-7，小叶无柄，倒卵状长椭圆形，长 10-25cm，基部楔形，先端突尖，缘有不规则重锯齿，背面绿色，幼时有褐色柔毛，后仅脉腋有褐色簇毛。花瓣 4-5，白色，基部有红、黄色斑。蒴果近球形，果皮有刺。	
145	6	元宝枫（华北五角枫、平基槭）	槭树科	槭树属	*Acer truncatum*		学 6 号楼南（P10）、主楼西（P24）、主楼草坪西树丛内（P28）、学研中心南（P34）、理化楼 - 实验楼（P40）、一教 - 环境楼（P57）等	P34	落叶小乔木，高达 10m。单叶对生，掌状 5 裂，裂片先端渐尖，有时中裂片或者中部 3 裂片又 3 裂，基部通常截形，最下部两裂片有时向下开展；秋色叶变红。花小而黄绿色；成顶生聚伞花序。翅果扁平，翅较宽而略长于果核，形似元宝，故称"元宝枫"。	
146a	6	茶条槭	槭树科	槭树属	*Acer tataricum* subsp. *ginnala* 异名：*Acer ginnala*	★	眷 3 号楼东（P73）	P73	落叶小乔木，高达 6-9m，常成灌木状。叶卵状椭圆形，长 6-10cm，3 (5) 裂，中裂片特大，基部心形或近圆形，缘有规则重锯齿，近无毛，叶柄及主脉常带紫红色；秋色叶变红。花杂性，雄花与两性花同株；花序圆锥状。果翅不开展，张开近于直角或成锐角。	茶条槭是鞑靼槭的亚种。
147a	6	葛萝槭	槭树科	槭树属	*Acer davidii* subsp. *grosseri* 异名：*Acer grosseri*	▲	学 6 号楼西（P8）、学 5 号楼西（P8）、学 4 号楼西（P10）	P9	落叶乔木，高达 7-15m。树皮青绿色，白色纵条状裂；一年生小枝绿色或紫红色。叶卵形，长 7-9cm，常 3 裂或不裂，中裂片三角状卵形，侧裂片较小。花淡黄绿色，单性，雌雄异株；常成细瘦下垂的总状花序。翅果嫩时淡紫色，成熟后黄褐色；果翅张开成钝角或近于水平。	葛萝槭是青榨槭的亚种。
148a	6、7	红枫（紫红鸡爪槭）	槭树科	槭树属	*Acer palmatum* 'Atropurpureum'	★	学 7 号楼 - 学 10 号楼（P12）	P13	落叶灌木或小乔木。叶常年红色或紫红色，掌状 5-7 深裂，径 5-10cm，裂片卵状披针形，先端尾状尖，缘有重锯齿，两面无毛。枝条也常紫红色。花紫色，杂性，雄花与两性花同株；伞房花序。翅果嫩时紫红色，成熟时淡棕黄色；果翅张开成钝角。	红枫是鸡爪槭的栽培品种。

序号	类型	名称	科名	属名	拉丁学名	分布频率	分布位置	图片位置	识别特点简述	备注
149a	6	金叶复叶槭（金叶梣叶槭）	槭树科	槭树属	Acer negundo 'Aureum'	★	操场-眷1号楼（P69）	P69	落叶乔木，高达20m。小枝光滑，常被白色蜡粉。羽状复叶对生，小叶3-5，卵状椭圆形，长5-10cm，缘有不整齐粗齿；春季呈金黄色。花单性，雌雄异株，雄花的花序聚伞状，雌花的花序总状，均由无叶的小枝旁边生出，常下垂，花梗长约1.5-3cm，花小，黄绿色，开于叶前，无花瓣及花盘，雄蕊4-6，花丝很长。果翅展开成锐角或近于直角。	金叶复叶槭是复叶槭的栽培品种。2013年新增树种。
150	6、7	黄栌（红叶）	漆树科	黄栌属	Cotinus coggygria var. cinerea	▲	学1号楼-学2号楼（P4）、学2号楼-学3号楼（P6）、主楼草坪西树丛内（P28）、主楼草坪东树丛内（P30）	P7	落叶灌木或小乔木，高达8m。枝红褐色。单叶互生，卵圆形至倒卵形，长4-8cm，全缘，先端圆或微凹，侧脉二叉状，叶两面或背面有灰色柔毛；秋色叶变红。花杂性，小而黄色；顶生圆锥花序，有柔毛。果序上有许多伸长成紫色羽毛状的不孕性花梗，故也称"烟树"；核果小，肾形。	黄栌是欧洲黄栌的变种。
151	6	火炬树（鹿角漆）	漆树科	盐肤木属	Rhus typhina	★	主楼西（P24）、森工楼南学子情（P32）	P25	落叶小乔木，高5-8m。分枝少；小枝密生长绒毛。羽状复叶，小叶11-31，长椭圆状披针形，长5-13cm，缘有锯齿，叶轴无翅。雌雄异株，花淡绿色，有短柄；顶生圆锥花序，密生有毛。果红色，有毛，密集成圆锥状火炬形，故称"火炬树"。	
152	6	臭椿（樗树）	苦木科	臭椿属	Ailanthus altissima		生物楼-行政楼（P18）、正门西（P28）、森工楼-理化楼（P38）、理化楼-实验楼（P40）、二教东（P42）等	P42	落叶乔木，高达20-30m。树皮粗糙但不裂，小枝粗壮，缺顶芽。叶痕倒卵形，内具9维管束痕。奇数羽状复叶互生，小叶13-25，卵状披针形，长7-12cm，全缘，仅在近基部有1-2对粗齿，齿端有臭腺点。花小，杂性；顶生圆锥花序。翅果长椭圆形，种子位于中部。	
153	6	香椿	楝科	香椿属	Toona sinensis		理化楼-实验楼（P40）、眷17号楼-眷19号楼（P58）、眷1号楼-眷2号楼（P68）、眷5号楼-眷6号楼（P76）、眷8号楼-眷10号楼（P81）等	P82	落叶乔木，高达25m。树皮条片状剥裂；小枝有柔毛，叶痕大形，内有5维管束痕。羽状复叶互生（多为偶数，有时是奇数），小叶10-22，对生，长椭圆状披针形，全缘或具不显钝齿，有香气。花小，两性；顶生圆锥花序。蒴果5瓣裂，长约2.5cm，内有大胎座；种子一端有长翅。	
153a	6	陕西香椿	楝科	香椿属	Toona sinensis 'Schensiana'	★	主楼草坪中部偏东（P30）	P31	落叶乔木。小叶片两面均被短柔毛，背面沿脉尤甚，密而长；成熟花序被微柔毛。	陕西香椿是香椿的栽培地理型。
154	6、7	枸橘（枳）	芸香科	柑橘属	Citrus trifoliata 异名：Poncirus trifoliata	★	林业楼-生物楼（P20）	P21	落叶灌木或小乔木，高达3-7m。枝绿色，略扭扁，有枝刺。三出复叶互生，总叶柄有翅，小叶无柄，叶缘有波状浅齿。花两性，白色，径3.5-5cm，单生；春天叶前开花。柑果球形，径达5cm，黄绿色，密生绒毛，有香气。	
155	6	黄檗（黄波罗）	芸香科	黄檗属	Phellodendron amurense	★	林业楼-生物楼（P20）	P21	落叶乔木，高达15-22m。树皮木栓层发达，有弹性，纵深裂；内皮鲜黄色，味苦；冬芽为叶柄基部所包。羽状复叶对生，小叶5-13，卵状披针形，缘有不显小齿及透明油点，仅背面中脉基部及叶缘有毛，撕裂有臭味。花小，单株异性；顶生圆锥花序。核果黑色，径约1cm。	
156	6	臭檀（北吴茱萸）	芸香科	吴茱萸属	Tetradium daniellii 异名：Evodia daniellii	★	眷16号楼-眷18号楼（P60）、眷2号楼-眷3号楼（P72）	P61	落叶乔木，高达15m。树皮暗灰色，平滑；裸芽。羽状复叶对生，小叶7-11，卵状椭圆形，长6-13cm，缘有较明显的钝齿，表面无毛，背面主脉常有长毛。花小，单性异株，白色，5基数，有臭味；顶生聚伞圆锥花序。聚合蓇葖果，4-5瓣裂，紫红色，顶端有喙状尖，每瓣内含2粒黑色种子。	
157	6、7	花椒	芸香科	花椒属	Zanthoxylum bungeanum	★	眷17号楼-眷19号楼（P59）、眷16号楼-眷3号楼（P60）、眷3号楼-眷4号楼（P73）、科2号楼-科3号楼（P74）、眷7号楼-眷8号楼（P79）等	P75	落叶小乔木或灌木状，高达3-7m。树皮深灰色，枝具有基部宽扁的粗大皮刺。奇数羽状复叶互生，小叶5-11，卵状椭圆形，长2-5（7）cm，缘有细钝齿，仅背面中脉基部两侧有褐色簇毛；叶轴边缘有极窄的狭翅。花小，单性；成顶生聚伞状圆锥花序。蓇葖果球形，成熟时红色或紫红色，密生疣状腺体，为"花椒"。	
158	7	五加（细柱五加）	五加科	五加属	Eleutherococcus nodiflorus 异名：Eleutherococcus gracilistylus	★	主楼草坪东（P31）	P31	落叶灌木，高达3m。枝常下垂，呈蔓生状；叶柄基部常单生扁平刺。掌状复叶在长枝上互生，在短枝上簇生，小叶5，倒卵形至倒披针形，长3-8cm，先端尖，基部楔形，缘有钝锯齿。花小而黄绿色，花柱2（3），离生；伞形花序腋生或2-3朵生于短枝顶端。浆果熟时黑色，常为2室。	
159	6、7	楤木	五加科	楤木属	Aralia chinensis	★	眷7号楼-眷8号楼（P79）	P78	落叶灌木或小乔木，高达8m。茎有刺，小枝被黄棕色绒毛。叶大，二至三回奇数羽状复叶互生，长达1m，叶柄及叶轴通常有刺；小叶卵形，长5-12cm，缘有锯齿，背面有灰白色或灰色短柔毛，近无柄。花小，白色；小伞形花序集成圆锥状复花序，顶生。浆果球形，黑色，具5棱。	原植株2010年左右因小院改建被伐。现已长出萌蘖苗。
160	7	枸杞	茄科	枸杞属	Lycium chinense	▲	博物馆东南小花园（P47）、操场-眷1号楼（P68）、幼儿园-眷12号楼（P71）、眷2号楼-眷3号楼（P72）	P73	落叶灌木，高达1m余。枝细长拱形，有棱角，常有刺。单叶互生或簇生，卵状披针形或卵状椭圆形，长2-5cm，全缘。花紫色，花冠5裂，裂片长于筒部，有缘毛，花萼3-5裂；花单生或簇生叶腋。浆果卵形或椭球形，深红色或橘红色，为"枸杞"。	

序号	类型	名称	科名	属名	拉丁学名	分布频率	分布位置	图片位置	识别特点简述	备注
161	7	宁夏枸杞（中宁枸杞）	茄科	枸杞属	*Lycium barbarum*	★	幼儿园 - 眷 12 号楼（P71）	P70	落叶灌木，高达 2.5m。与枸杞的主要区别点是：叶较狭，披针形至线状披针形；花冠筒稍长于花冠裂片无绵毛。花萼 2（3）裂；果较大。	
162a	6、7	荆条	马鞭草科	牡荆属	*Vitex negundo* var. *heterophylla*	▲	主楼草坪西（P28）、主楼草坪东树丛内（P30）	P29	落叶灌木或小乔木，高达 5m。小枝四方形。掌状复叶对生，小叶 5，少有 3，卵状长椭圆形至披针形，小叶边缘有缺刻状大齿或为羽状裂。花冠淡紫色，外面有绒毛，端 5 裂，二唇形；成顶生狭长圆锥花序。核果球形，大部为宿萼所包。	荆条是黄荆的变种。
163	6	流苏树	木犀科	流苏树属	*Chionanthus retusus*	▲	理化楼 - 实验楼（P40）、二教东（P42）	P40	落叶乔木，高达 6-20m。树干灰色，大枝树皮常纸状剥裂。单叶对生，叶卵形至倒卵状椭圆形，长 3-10cm，先端常钝圆或微凹，全缘或偶有小锯齿，背面中脉基部有毛，近革质，叶柄基部常带紫色。花单性，雌雄异株，白色，花冠 4 深裂片狭长，长 1.5-3cm，筒部短，故称"流苏树"；成宽圆锥花序，与叶同放。核果椭圆形，蓝黑色。	
164	4	女贞	木犀科	女贞属	*ligustrum lucidum*	★	眷 16 号楼 - 眷 18 号楼（P60）、眷 5 号楼 - 眷 6 号楼（P76）	P77	常绿乔木，高 6-15m。小枝无毛。单叶对生，卵形至卵状长椭圆形，长 6-12cm，先端尖，革质而有光泽，无毛，全缘，侧脉 6-8 对。花小，白色，芳香，密集，近无梗，花冠近漏斗形，4 裂，花冠裂片与筒部等长；成顶生圆锥花序。浆果状核果，椭圆形，成熟时蓝黑色，被白粉。	
165	4、5	小蜡（山指甲）	木犀科	女贞属	*Ligustrum sinense*	★	林业楼 - 生物楼（P21）	P21	半常绿灌木或小乔木，高达 3-6m。小枝密生短柔毛。叶椭圆形或卵状椭圆形，长 3-5cm，背面中脉有毛。花白色，花冠裂片长于筒部，花药黄色，超出花冠裂片，萼及花梗有柔毛；圆锥花序。	原植株 2012 年 11 月 5 日毁于风雪，现仅存萌蘖苗。
166	5、7	小叶女贞	木犀科	女贞属	*Ligustrum quihoui*	★	学 2 号楼 - 学 3 号楼（P7）、学 4 号楼 - 学 5 号楼（P10）、图书馆 - 眷 19 号楼（P59）、眷 1 号楼 - 眷 2 号楼（P68）、眷 2 号楼东（P69）等	P11	落叶或半常绿灌木，高达 2-3m。枝条开展，小枝幼时有毛。叶薄革质，倒卵状椭圆形，长 2.5-4cm，先端钝，基部楔形，无毛，全缘。花白色，芳香，花冠裂片与筒部等长，花药超出花冠裂片，近无花梗；成细长圆锥花序，长 10-20cm。核果椭圆形，紫黑色。	
167	5、7	金叶女贞	木犀科	女贞属	*Ligustrum* × *vicaryi*	★	学 1 号楼东（P5）、生物楼 - 行政楼（P18）、林业楼 - 生物楼（P21）、林业楼西南（P22）、学研中心东（P35）、实验楼东（P41）等	P7	落叶或半常绿灌木。叶卵状椭圆形，长 3-7cm，嫩叶金黄色，后渐变为黄绿色。花白色，芳香；总状花序。核果紫黑色。	金叶女贞是金边卵叶女贞和金叶欧洲女贞的杂交种。
168	7	迎春	木犀科	茉莉属（素馨花属）	*Jasminum nudiflorum*		生物楼 - 行政楼（P19）、正门东（P30）、理化楼 - 实验楼（P40）、一教 - 环境楼（P57）、眷 2 号楼 - 眷 3 号楼（P72）等	P40	落叶灌木，高达 2-3（5）m。小枝细长拱形，绿色，4 棱。三出复叶对生，小叶卵状椭圆形，长 1-3cm，表面有基部突起的短刺毛。花黄色，单生，花冠通常 6 裂。	
169	6、7	紫丁香（丁香、华北紫丁香）	木犀科	丁香属	*Syringa oblata*		学 1 号楼 - 学 2 号楼（P4）、学 2 号楼 - 学 3 号楼（P6）、学 4 号楼 - 学 5 号楼（P10）、二食堂东（P16）、图书馆 - 眷 18 号楼（P60）、眷 6 号楼 - 眷 7 号楼（P79）等	P11	落叶灌木或小乔木，高达 4-5m。小枝较粗壮，无毛。单叶对生，广卵形，通常宽大于长，宽 5-10cm，先端渐尖，基部近心形，全缘，两面无毛。花冠堇紫色，花冠筒细长，长 1-1.2cm，裂片 4，裂片开展，花药着生于花冠筒中部或中上部；成密集圆锥花序。蒴果长卵形，顶端尖，光滑；种子有翅。	
169a	6、7	白丁香	木犀科	丁香属	*Syringa oblata* 'Alba'	▲	学 4 号楼东（P11）、眷 3 号楼 - 眷 4 号楼（P72）	P11	落叶灌木或小乔木。与紫丁香区别：花白色；叶较小，背面微有柔毛，花枝上的叶常无毛。	白丁香是紫丁香的栽培品种。
169b	6、7	毛紫丁香（紫萼丁香）	木犀科	丁香属	*Syringa oblata* var. *giraldii*	▲	学 1 号楼 - 学 2 号楼（P4）、学 2 号楼 - 学 3 号楼（P7）、二食堂东（P16）、林业楼西南（P22）、幼儿园东（P67）	P5	落叶灌木或小乔木。与紫丁香区别：花序轴及花萼蓝紫色，圆锥花序细长；叶端狭尖，背面常微有短柔毛，有时老时脱落。	毛紫丁香是紫丁香的变种。
170	6、7	欧洲丁香	木犀科	丁香属	*Syringa vulgaris*	★	学 2 号楼 - 学 3 号楼（P6）、理化楼 - 实验楼（P40）	P7	落叶灌木或小乔木。外形与紫丁香相似，主要区别点是：叶片长大于叶宽，基部多为广楔形至截形，质较厚，秋天叶仍为绿色；花蓝紫色，裂片宽，花药着生于花冠筒喉部以下；花期较紫丁香稍晚。	
170a	6、7	重瓣欧洲丁香 **？？**	木犀科	丁香属	*Syringa vulgaris* 'Plena'	★	眷 15 号楼西北（P66）	P66	落叶灌木或小乔木。枝叶均与欧洲丁香相似，花淡紫色，重瓣。	此植株存疑。重瓣欧洲丁香是欧洲丁香的栽培品种。
170b	6、7	佛手丁香（白花重瓣欧洲丁香）	木犀科	丁香属	*Syringa vulgaris* 'Albo-plena'	★	正门西（P28）、二教西（P41）	P29	落叶灌木或小乔木。枝叶均与欧洲丁香相似，花白色，重瓣。	佛手丁香是欧洲丁香的栽培品种。
171	7	波斯丁香	木犀科	丁香属	*Syringa* × *persica*	★	一教 - 环境楼（P57）	P57	落叶灌木，高达 2m。小枝细而无毛。叶披针形或卵状披针形，长 2-4cm，全缘，偶有 3 裂或羽裂，叶柄具狭翅。花蓝紫色，花冠筒细，长约 1cm，有香气；成疏散的圆锥花序；花期较长。通常不结果。	波斯丁香可能是裂叶丁香与另一种丁香的杂交种。

序号	类型	名称	科名	属名	拉丁学名	分布频率	分布位置	图片位置	识别特点简述	备注
172	7	裂叶丁香 ?9	木犀科	丁香属	*Syringa laciniata*	★	图书馆 - 眷 19 号楼 (P59)	P59	落叶灌木，高达 2-2.5m。枝细长，无毛。叶大部或全部羽状深裂，长 1-4cm。花淡紫色，有香气；花序侧生，长 2-10cm，在枝条上部呈圆锥状花序；花粉粒大部分为不育。蒴果长卵形。	此植株存疑，也可能为华丁香（甘肃丁香）。裂叶丁香可能是华丁香与欧洲丁香的杂交种。
173a	7	小叶丁香（四季丁香）?9	木犀科	丁香属	*Syringa pubescens* subsp. *microphylla* 异名：*Syringa microphylla*	▲	学 2 号楼东 (P7)、学 2 号楼 - 学 3 号楼 (P7)、主楼 - 东配楼 (P26)、眷 2 号楼 - 眷 3 号楼(P72 待定)	P7	落叶灌木，高 1.5-2m。小枝无棱，幼时多少具毛。叶卵圆形，长 1-4cm，先端尖或渐尖，幼时两面有毛，老时仅背脉有毛或近无毛。花小，淡紫或粉红色，长约 1cm，花药距口部 3mm，芳香；圆锥花序较松散，长 3-7cm；花序轴及花梗紫色，有柔毛；花期较紫丁香晚。蒴果有瘤状突起。	小叶丁香是巧玲花的亚种。
174a	6	暴马丁香（暴马子）	木犀科	丁香属	*Syringa reticulata* subsp. *amurensis*		学 2 号楼 - 学 3 号楼 (P6)、林业楼 - 生物楼 (P21)、森工楼西 (P32)、二教西 (P41)、一教 - 环境楼 (P57) 等	P7	落叶小乔木，高达 8m，较其他丁香高大。枝干上皮孔明显，小枝较细。叶卵圆形，长 5-10cm，基部近圆形或亚心形，叶面网脉明显凹陷，而在背面显著隆起，背面通常无毛，叶柄较粗，长 1-2cm。花冠白色，花冠筒甚短，雄蕊长为花冠裂片之 1.5 倍，或略长于裂片；圆锥花序大而疏散，长 12-18cm；5-6 月开花，在校园内的丁香属植物中花期最晚。蒴果长 1-1.3cm，先端通常钝。	暴马丁香是日本丁香的亚种。
174b	6	'金园'丁香	木犀科	丁香属	*Syringa reticulata* subsp. *pekinensis* 'Jinyuan'	★	眷 3 号楼东 (P73)	P72	落叶小乔木。枝干有皮孔，小枝皮孔较明显。花金黄色，芳香，圆锥花序，花期 5-6 月。	'金园'丁香是北京丁香的栽培品种。2014 年新增树种。
175	7	连翘（黄绶带）?10	木犀科	连翘属	*Forsythia suspensa*		林业楼 - 生物楼(P20)、正门东 (P30)、东门北(P37)、二教东 (P42)、活动中心北 (P49)、眷 8 号楼 - 眷 10 号楼(P80) 等	P82	落叶灌木，高达 3m。枝细长并开展呈拱形，圆形稍四棱，髓中空，节部有掏板，皮孔多而显著。单叶或裂成 3 小叶状，对生，卵形、宽卵形或椭圆状卵形，长 3-10cm，缘有齿，端锐尖，无毛。花黄色，花冠裂片 4，花萼绿色，裂片长 5-7mm，与花冠管近等长；雄蕊常短于雌蕊；花单生或簇生；早春叶前开花。蒴果卵圆形，先端喙状渐尖，表面疏生皮孔。	校园内的连翘、金钟花、金钟连翘尚未明确区分。存疑植株目前均暂标注为金钟连翘。
176	7	金钟花 ?10	木犀科	连翘属	*Forsythia viridissima*	▲	眷 19 号楼西 (P58) 等	P59	落叶灌木，高 1.5-3m。枝直立性较强，绿色，枝髓片状，节部纵剖面无隔板。叶长椭圆形，长 5-10cm，全为单叶，不裂，基部楔形，中下部全缘，中部或中上部最宽，表面深蓝色。花金黄色，花冠裂片 4，裂片较狭长，花萼绿色，裂片长 2-4mm；早春叶前开花。	眷 19 号楼西的植株确定为金钟花，其他植株尚存疑。2014 年新增树种。
177	7	金钟连翘（杂种连翘）?10	木犀科	连翘属	*Forsythia × intermedia*		主楼草坪东 (P31)、理化楼 - 实验楼 (P40)、博物馆东南小花园 (P47)、眷 17 号楼 - 眷 19 号楼 (P58)、眷 7 号楼 - 眷 8 号楼 (P79) 等	P46	落叶灌木。性状介于连翘与金钟花之间。枝较直立，节间具片髓，节部实心。叶长椭圆形至卵状披针形，基部楔形，有时 3 深裂。花金黄色。	各植株均存疑。金钟连翘是连翘与金钟花的杂交种。
178a	7	金叶连翘	木犀科	连翘属	*Forsythia koreana* 'Suwon Gold'	▲	主楼草坪西南 (P28)、主楼草坪东南 (P30)、森工楼东南 (P33)、学研中心西北 (P36)、二教东 (P43)、一教南 (P57)	P43	落叶灌木。叶金黄色，内有绿斑。花金黄色。	金叶连翘是朝鲜连翘的栽培品种。2013 年新增树种。
179a	7	雪柳	木犀科	雪柳属	*Fontanesia philliraeoides* subsp. *fortunei* 异名：*Fontanesia fortunei*	★	林业楼 - 生物楼 (P21)	P21	落叶灌木，高达 5m。枝细长直立，4 棱形。单叶对生，披针形，长 4-12cm，全缘，无毛，顶端渐尖，基部楔形。花小，花冠 4 裂几乎达基部，绿白色或微带红色，有香气，雄蕊 2；圆锥花序顶生或腋生。小坚果扁，周围有翅。	雪柳是西亚雪柳的亚种。
180	6	白蜡树（白蜡）	木犀科	白蜡属	*Fraxinus chinensis*	★	理化楼 - 实验楼 (P41)	P41	落叶乔木，高达 15m。树干光滑；小枝节部和节间常扁压状，冬芽灰色。奇数羽状复叶，小叶通常 7，卵状长椭圆形，长 3-10cm，先端尖，缘有锯齿，仅背脉有短柔毛。花单性异株，无花瓣；圆锥花序生于当年生枝条上。翅果倒披针形。	
180a	6	大叶白蜡（花曲柳）	木犀科	白蜡属	*Fraxinus chinensis* subsp. *rhynchophylla* 异名：*Fraxinus rhynchophylla*	★	理化楼 - 实验楼 (P41)	P41	落叶乔木，高达 15-25m。树皮较光滑，褐灰色。奇数羽状复叶，小叶 5-7，多为 5，卵形至椭圆状倒卵形，长 5-15cm，顶生小叶常特大，锯齿疏而浅，叶轴之节部常被褐色毛。花单性异株，无花冠；圆锥花序生于当年生枝条上。	大叶白蜡是白蜡树的亚种。
181	6	水曲柳	木犀科	白蜡属	*Fraxinus mandshurica*	★	林业楼 - 生物楼 (P20)	P21	落叶乔木，高达 30m。奇数羽状复叶，小叶 9-13，近无柄，卵状长椭圆形，长 8-16cm，缘有钝锯齿，小叶柄基部密生褐色绒毛。花单性异株，无花瓣；圆锥花序侧生于去年生枝上。翅果常扭曲。	
182	6	洋白蜡（宾州白蜡）	木犀科	白蜡属	*Fraxinus pennsylvanica*		学 1 号楼 - 学 2 号楼 (P4)、森工楼 - 理化楼 (P39)、行政楼北 (P52、53)、图书馆东 (P56)、眷 3 号楼 - 眷 4 号楼 (P72) 等	P53	落叶乔木，高达 20m。树皮纵裂。奇数羽状复叶，小叶 7-9，卵形长椭圆形至披针形，长 8-14cm，缘有齿或近全缘，背面通常有短柔毛，有时仅中脉有毛或近无毛，小叶柄长 3-6mm；秋色叶变金黄色。花单性异株，无花瓣，有花萼；圆锥花序生于去年生枝侧；叶前开花。果翅较狭，下延至果体中下部或近基部。	

100

序号	类型	名称	科名	属名	拉丁学名	分布频率	分布位置	图片位置	识别特点简述	备注
183	6	小叶洋白蜡	木犀科	白蜡属	*Fraxinus pennsylvanica × velutina*	▲	行政楼北（P52、53）、北门主干道最北端（P81）	P53	落叶乔木。树皮细纵裂，较洋白蜡树皮裂纹细。奇数羽状复叶，小叶 5-7，以 7 居多，卵状长椭圆形至披针形，长 5-10cm，背面通常无毛，或脉上有毛；秋色叶变金黄色，落叶期较洋白蜡晚。花单性异株，无花瓣；花序生于去年生枝侧。	小叶洋白蜡是洋白蜡与绒毛白蜡的杂交种。小叶洋白蜡在园林中常俗称"小叶白蜡"，注意与真正的"小叶白蜡"区分开。
184	6	毛泡桐（紫花泡桐）	玄参科	泡桐属	*Paulownia tomentosa*		博物馆东南小花园（P48）、北林附小内（P62）、学 11 号楼西、眷 6 号楼西（P76）、北门道路两侧（P73、77、81、83）等	P63	落叶乔木，高达 15-20m。幼枝、幼果密被黏腺毛，后渐光滑。单叶对生，广卵形至卵形，长 12-30cm，基部心形，全缘，有时 3 浅裂，表面有柔毛及腺毛，背面密被具长柄的树枝状毛，幼叶有黏腺毛。花蕾圆球形，花萼裂过半，花冠漏斗状或钟状，鲜紫色，内有紫斑及黄条纹，花冠筒常常弯曲；圆锥花序宽大，有明显的总梗。蒴果木质，卵形，长 3-4cm。	
185	6	楸树	紫葳科	梓树属	*Catalpa bungei*	★	主楼 - 东配楼（P26）	P27	落叶乔木，高达 20-30m。树皮灰色，纵裂；小枝无毛。单叶对生或轮生，卵状三角形，长 6-15cm，先端渐尖，叶缘近基部有侧裂或尖齿，叶背无毛，基部有 2 个紫斑。花冠淡红色，二唇形，内有 2 黄色条纹及暗紫色斑点；顶生总状花序。蒴果细长，长 25-50cm，径约 5mm，长条状下垂。	
186	6	黄金树	紫葳科	梓树属	*Catalpa speciosa*	★	正门西（P28）、正门东（P30）、眷 12 号楼东（P71）	P29	落叶乔木，高达 25-30cm。单叶对生，通常为卵形，全缘，偶有 3 浅裂，长 15-30cm，先端长渐尖，基部截形或圆形，背面有柔毛，基出 3 脉，基部脉腋有透明绿斑。花白色，花冠二唇形，内有淡紫色斑及黄色条纹；10 余朵成稀疏圆锥花序，顶生。蒴果较粗，径 1-1.8cm，长 25-45cm，似筷状下垂。	
187	9	美国凌霄	紫葳科	凌霄属	*Campsis radicans*		学 2 号楼南（P4）、学 3 号楼南（P6）、正门西（P28）、二教西北（P44）、眷 6 号楼西（P76）等	P5	落叶藤木，长达 9m。借气生根攀援。羽状复叶对生，小叶 9-13，长卵形至卵状披针形，长 3-6cm，顶端尾状渐尖，缘有粗齿，叶面光滑，背面沿中脉密生白色柔毛。花冠橘黄色或深红色，漏斗形；花萼棕红色，质地厚，无纵棱，裂得较浅（约 1/3）；聚伞花序顶生。蒴果先端尖。	
188	7	猬实（蝟实）	忍冬科	猬实属	*Kolkwitzia amabilis*		学 2 号楼 - 学 3 号楼（P6）、学 10 号楼东北（P15）、主楼草坪西南（P28）、主楼草坪东北（P30）、学研中心 - 二教（P37）、眷 3 号楼 - 眷 4 号楼（P72）等	P15	落叶灌木，高达 3m。干皮薄片状剥落；小枝幼时疏生长毛。单叶对生，卵形至卵状椭圆形，长 3-7cm，基部圆形，先端渐尖，缘疏生浅齿或近全缘，两面有毛；叶柄短。花成对，两花萼筒紧贴，密生硬毛；花冠钟状，粉红色，喉部黄色，长 1.5-2.5cm，端 5 裂，雄蕊 4；顶生伞房状聚伞花序。瘦果状核果卵形，2 个合生（有时 1 个不发育），密生钢刺，形似刺猬，故名"猬实"。	
189	7	锦带花	忍冬科	锦带花属	*Weigela florida*		学 2 号楼 - 学 3 号楼（P6）、学 4 号楼 - 学 5 号楼（P10）、主楼 - 西配楼（P25）、森工楼南学子情（P32）、操场 - 眷 11 号楼（P67）、幼儿园东（P67）等	P25	落叶灌木，高达 3m。枝条开展，小枝细弱，幼时具 2 行柔毛。单叶对生，椭圆形或卵状椭圆形，长 5-10cm，缘有锯齿，先端锐尖，基部圆形至楔形，表面无毛或仅中脉有毛，背面脉上显具柔毛。花冠漏斗状钟形，玫瑰红色，端 5 裂；花萼 5 裂，下半部合生，近无毛；通常 3-4 朵成聚伞花序。蒴果柱状；种子无翅。	
189a	7	'红王子'锦带花（红花锦带花）	忍冬科	锦带花属	*Weigela florida* 'Red Prince'	▲	学 2 号楼 - 学 3 号楼（P6）、学 5 号楼 - 学 6 号楼（P9）、学 7 号楼 - 学 10 号楼（P12）、学研中心、东（P34、35、37）、博物馆东南小花园（P49）	P35	落叶灌木。枝叶茂盛。花深红色，繁密而下垂，花萼深裂；花期长，在北京常 2 次开花（5 月和 7-8 月）。	'红王子'锦带花是锦带花的栽培品种，是杂种起源。
189b	7	'粉公主'锦带花（深粉锦带花） ？12	忍冬科	锦带花属	*Weigela florida* 'Pink Princess'	▲	生物楼 - 行政楼（P19）、森工楼南学子情（P32）、理化楼 - 实验楼（P40）	P25	落叶灌木。花深粉红色，花期较一般锦带花早约半个月。花繁密而色彩亮丽。	此植株存疑。'粉公主'锦带花是锦带花的栽培品种。
190	7	早锦带花（毛叶锦带花）	忍冬科	锦带花属	*Weigela praecox*	★	眷 17 号楼 - 眷 19 号楼（P59）、眷 16 号楼 - 眷 18 号楼（P60）	P61	落叶灌木，高达 2m。与锦带花近似，主要特点是：叶两面均有柔毛；花萼裂片较宽，基部合生，多毛；花冠狭钟形，中部以下突然变细，外面有毛，玫瑰红或粉红色，喉部黄色；3-5 朵着生于侧生短枝上；花期较锦带花早。	
191	7	海仙花	忍冬科	锦带花属	*Weigela coraeensis*	▲	图书馆 - 眷 19 号楼（P58）、图书馆 - 眷 18 号楼（P60）	P61	落叶灌木，高达 5m。小枝较粗，无毛或近无毛。单叶对生，广椭圆形至倒卵形，长 8-12cm，先端突尾状尖，边缘具圆钝锯齿，表面绿色，背面淡绿色，表面中脉及背面脉上被被平伏毛。花冠漏斗状钟形，长 2.5-4cm，基部 1/3 以下骤狭，外面无毛或稍有疏毛，初开黄白色，后渐变紫红色，裂片 5；花萼线形，裂达基部；花无梗；数朵组成腋生聚伞花序。蒴果 2 瓣裂，种子有翅。	

序号	类型	名称	科名	属名	拉丁学名	分布频率	分布位置	图片位置	识别特点简述	备注
192	7	欧洲琼花	忍冬科	荚蒾属	*Viburnum opulus*		学 2 号楼 - 学 3 号楼（P6）、正门东（P30）、行政楼北围墙边（P52）、一教南（P57）、眷 11 号楼东北（P67）等	P52	落叶灌木，高达 4m。树皮薄，枝浅灰色，光滑。单叶对生，近圆形，长 5-12cm，3 裂，有时 5 裂，缘有不规则粗齿，背面有毛；叶柄有窄槽，近端处散生 2-3 个盘状大腺体。聚伞花序，有大型白色不育边花，中间的小花可育；花药黄色。核果近球形，径约 8mm，红色而半透明状，内含 1 种子。	
193	7	香荚蒾（香探春）	忍冬科	荚蒾属	*Viburnum farreri*	★	眷 16 号楼 - 眷 18 号楼（P60）、眷 17 号楼 - 眷 19 号楼（P60）	P61	落叶灌木，高达 3m。叶椭圆形，长 4-8cm，缘有三角状锯齿，羽状脉明显，直达齿端，背面脉腋有簇毛，叶脉和叶柄略带红色。花冠高脚碟状，白色或略带粉红色，端 5 裂，雄蕊着生于花冠筒中部以上；圆锥花序。核果椭圆形，紫红色。	
194	8	金银花（忍冬）	忍冬科	忍冬属	*Lonicera japonica*		眷 1 号楼 - 眷 2 号楼（P68）、幼儿园 - 眷 12 号楼（P71）、眷 3 号楼 - 眷 4 号楼（P72）、眷 5 号楼 - 眷 6 号楼（P77）、眷 8 号楼 - 眷 10 号楼（P80）等	P77	半常绿缠绕藤本。茎细长中空，褐色或红褐色，有柔毛。单叶对生，卵形或椭圆形，长 3-8cm，顶端渐尖，少有钝圆或微凹缺，全缘，两面有柔毛。花成对腋生，有总梗，苞片叶状，长达 2cm，每对有 2 个苞片及 4 个小苞片；花冠二唇形，长 3-4cm，上唇具 4 裂片，下唇狭长而反卷，约等于花冠筒长，花先白色后变为黄色，故称"金银花"，芳香，萼筒无毛。浆果球形，黑色。	
195	6、7	金银木（金银忍冬）	忍冬科	忍冬属	*Lonicera maackii*		学 5 号楼 - 学 6 号楼（P8）、主楼 - 西配楼（P24）、主楼 - 东配楼（P26）、主楼草坪东（P30）、眷 17 号楼 - 眷 19 号楼（P58）等	P26	落叶灌木或小乔木，高可达 6m。小枝髓黑褐色，后变中空。单叶对生，卵状椭圆形或卵状披针形，两面疏生柔毛。花成对腋生，总梗长 1-2mm，苞片线形；花冠二唇形，白色，后变黄色，故称"金银木"，下唇瓣长为花冠筒的 2-3 倍。浆果球形，熟时红色。	
196	6、7	接骨木	忍冬科	接骨木属	*Sambucus williamsii*	★	博物馆东南小花园（P48）	P49	落叶灌木或小乔木，高 4-8m。小枝无毛，密生皮孔，髓部淡黄褐色。羽状复叶对生，小叶 5-11，卵形至长椭圆状披针形，长 5-15cm，质较厚而柔软，缘具锯齿，通常无毛；叶揉碎后有臭味。花小而白色；成顶生圆锥花序。核果浆果状，红色或蓝紫（黑）色，径 4-5mm。	
197	7	蚂蚱腿子	菊科	蚂蚱腿子属	*Myripnois dioica*	★	主楼草坪东北（P30）	P31	落叶小灌木，高达 50-80cm。生于短枝上的叶椭圆形或近长圆形，生于长枝上的叶阔披针形或卵状披针形，长 2-6cm，全缘，3 主脉，幼时两面被较密的长柔毛。雌花与两性花异株，芳香；雌花花冠舌状，淡紫色；两性花花冠筒状二唇形，白色，成头状花序单生于叶腋，常有花 5-10 朵。瘦果纺锤形，密被毛。	
198	4	蒲葵	棕榈科	蒲葵属	*Livistona chinensis*	▲	操场 - 眷 11 号楼（P67）、幼儿园内（P71）	P70	常绿乔木，高 10-20m。茎不分枝。叶阔肾状扇形，宽约 1.5-1.8m，掌状浅裂，或深裂，通常部分分裂深至全叶 1/4-2/3，下垂；裂片条状披针形，顶端长渐尖，再 2 裂并柔软下垂；叶柄两侧有倒刺。肉穗花序腋生，长 1m 余，分枝多而疏散。核果椭圆形至阔圆形，状如橄榄，熟时亮黑色。	
199a	10	斑竹（湘妃竹）	禾本科	刚竹属	*Phyllostachys reticulata* 'Lacrima-deae' 异名：*Phyllostachys bambusoides* f. *lacrima-deae*	★	二教东（P42）	P43	秆高 15-20m，秆径 8-10 (16) cm，中部间长 40cm。秆环、箨环均隆起，新秆无蜡粉，无毛；竹秆有紫褐色斑块和斑点（内深外浅），分枝也有紫褐色斑点。每小枝具叶 3-6 片，叶片长 8-20cm，宽 1.3-3cm，背面有白粉；叶鞘鞘口有叶耳及放射状硬毛，后脱落。	斑竹是桂竹的栽培品种。2013 年新增树种。
200	10	紫竹	禾本科	刚竹属	*Phyllostachys nigra*	★	二教东（P42）	P43	秆高 3-5 (10) m，秆径 2-4cm，中部节间长 25-30cm。新秆绿色，老秆紫黑色；新秆、箨环和箨鞘（无斑点）均被较密刚毛；箨耳镰形，箨舌长而强力隆起。每小枝有叶 2-3 片，叶片长 6-10cm，宽 1-1.5cm。	2013 年新增树种。
201	10	早园竹（沙竹）　?11	禾本科	刚竹属	*Phyllostachys propinqua*		学 6 号楼南（P8）、二教西（P41）、眷 19 号楼南（P59）、北林附小内（P63 待定）、眷 8 号楼 - 眷 10 号楼（P80）等	P63	秆高 4-8(10)m，秆径 3-5cm。新秆绿色，被白粉；箨环、秆环均略隆起。箨鞘淡紫褐色或黄褐色，有时带绿色，有紫斑，无毛，被白粉，上部边缘常枯焦；箨舌弧形，淡褐色。每小枝具叶 3-5 片，叶长 12-18cm，宽 2-3cm，背面中脉基部有细毛。	校园内竹类植物较为复杂，部分植株存疑，有待进一步鉴定。
202	10	黄槽竹	禾本科	刚竹属	*Phyllostachys aureosulcata*		眷 16 号楼 - 眷 18 号楼（P60）、眷 1 号楼 - 眷 2 号楼（P68）、幼儿园 - 眷 12 号楼（P71）、眷 2 号楼 - 眷 3 号楼（P72）、眷 8 号楼（P79）等	P68	秆高 3-5m，秆径 1-3 (5) cm。秆绿色或黄绿色，分枝一侧纵槽呈黄色；秆环、箨环均隆起。箨鞘质地较薄，背部有毛，常具稀疏小斑点，上部纵脉明显隆起；箨舌弧形，有短于其本身的白短纤毛；箨耳常镰形，与箨明显相连。每小枝具叶 3-5 片，叶片长达 15cm，宽达 1.8cm。	
203	5	凤尾兰（波萝花）	百合科	丝兰属	*Yucca gloriosa*		学 10 号楼东南（P13）、二食堂东（P16）、生物楼 - 行政楼（P19）、理化楼 - 实验楼（P40）、行政楼北围墙边（P52）等	P52	常绿灌木。植株具茎，有时分枝，高达 2.5m。单叶丛生，叶剑形硬直，长 40-60 (80) cm，宽 5-8 (10) cm，顶端硬尖，边缘光滑，老叶边缘有时具疏丝。花近钟形，下垂，乳白色，端部常带紫晕，长 5-10cm；圆锥花序顶生直立，高 1-1.5 (2) m。蒴果不开裂，长 5-6cm。	

在此记录了近年来消失的植物，希望大家铭记它们，并且期待有朝一日能在校园中再见到它们的身影。

2012 - 2015 年间有 7 种植物消失了，在图中以黑线不填色表示。其他已消失的植株已直接从图纸上删去。

102

消失植物

序号	类型	名称	科名	属名	拉丁学名	分布频率	原分布位置	图片位置	识别特点简述	备注&消失原因
x1	1	辽东冷杉（杉松）	杉科	冷杉属	*Abies holophylla*	★	理化楼 - 实验楼		常绿乔木，高达 30m。小枝灰色，无毛。叶端尖，长 2-4cm，排列紧密，枝条下面的叶向上伸展，叶内树脂道 2，中生。球果苞鳞不露出，果鳞扇状椭圆形。	2005 年因老图书馆改建为实验楼，去处不详。
x2a	2	华北落叶松	松科	落叶松属	*Larix gmelinii* var. *principis-rupprechtii* 异名：*Larix principis-rupprechtii*	★	森工楼 - 理化楼		落叶乔木，高达 30m。一年生小枝淡黄褐色，无白粉。叶在长枝上螺旋状互生，在短枝上簇生，长 2-3cm，宽约 1mm。球果长卵形，长 2-3.5（4）cm，苞鳞暗紫色，微露出。	华北落叶松是落叶松的变种。之前有记载，后消失，原因不详。
x3a	1	樟子松（欧洲赤松）	松科	松属	*Pinus sylvestris* var. *mongolica*	★	主楼草坪西北		常绿乔木，高达 30m。树干下部深纵裂，灰褐色或黑褐色，上部树皮黄色至黄褐色，裂成薄片脱落；冬芽淡褐色。叶 2 针 1 束，长 4-9cm，径 1.5-2mm，常扭曲，黄绿色。球果熟时淡绿褐色，鳞脐隆起特高。	约 10 年前尚存，近几年消失，原因不详。
x4a	3	翠蓝柏（翠柏、粉柏）	柏科	刺柏属	*Juniperus squamata* 'Meyeri' 异名：*Sabina squamata* 'Meyeri'	★	理化楼 - 实验楼		常绿直立灌木，分枝硬直而开展。全为刺叶，3 枚轮生，长 6-10mm，两面均显著被白粉，呈翠蓝色。	翠蓝柏是高山柏的栽培品种。2005 年左右，因老图书馆改建为实验楼，去处不详。
x5	4	广玉兰（荷花玉兰）	木兰科	木兰属	*Magnolia grandiflora*	★	原外语楼 - 北林宾馆（现学研中心的位置）		常绿乔木，在原产地高达 30m。叶片椭圆形，长 10-20cm，厚革质，表面亮绿色，背面有锈色绒毛。花大，径 15-20（25）cm，白色，芳香。	2007 年左右，因修建学研中心而拆除北林宾馆和外语楼，去处不详。
x6	6	胡桃楸（核桃楸）	胡桃科	胡桃属	*Juglans mandshurica*	★	行政楼北、原学一食堂东（现学 10 号楼的位置）		落叶乔木，高达 20-25m。树冠广卵形；小枝幼时密被毛。奇数羽状复叶，小叶 9-17，长椭圆形，缘有细齿，幼叶表面有柔毛及星状毛，后仅中脉有毛，背面有星状毛及柔毛。花单性同株，雄花序长约 10cm。果序顶端尖，有腺毛，4-5（7）个成短总状；果核橄榄形，两端尖。	80 年代初在现行政楼北有一株，80 年代中期消失。90 年代在原学一食堂东有一株，因修建学 10 号楼而消失。
x7	6	辽东栎	壳斗科	栎属	*Quercus wutaishanica*	★	现主楼的位置		落叶乔木，高达 15m。小枝无毛。叶倒长卵形，长 5-12（15）cm，缘有波状浅齿，先端圆钝或短突尖，基部狭并常耳形，背面通常无毛；叶柄短，长 2-5mm，无毛。总苞鳞片鳞状。	1981 年尚存，在修建主楼前消失（主楼于 1993 年建成）。
x8	7	虎榛子	桦木科	虎榛子属	*Ostryopsis davidiana*	★	博物馆东南小花园		落叶灌木，高 1-3m。树皮浅灰色，无毛，密生皮孔；小枝灰褐色，具条棱，密被短柔毛，疏生皮孔。叶卵形或椭圆状卵形，长 2-6.5cm，顶端渐尖或锐尖，边缘具重锯齿，中部以上具浅裂。雄花序单生于小枝的叶腋，倾斜至下垂。果 4 枚至多枚排成总状，下垂；果苞厚纸质。	2005 年左右，因修建博物馆旁的设备用房而消失，去处不详。
x9	7	紫斑牡丹	芍药科	芍药属	*Paeonia rockii*	★	森工楼 - 理化楼		落叶灌木，高 0.5-1.5m。二至三回羽状复叶，小叶 17-33，卵形至卵状披针形，不裂或 2-4 浅裂，叶背疏生柔毛。花大，单生枝端，花瓣约 10 片，白色或粉红色，内侧基部有深紫色斑块；花盘、花丝黄白色。	约 10 年前尚存，近几年消失，原因不详。
x10	6	糠椴	椴树科	椴树属	*Tilia mandshurica*	★	原外语楼南（现学研中心的位置）		落叶乔木，高达 20m。树皮灰色，幼枝密生浅褐色星状绒毛，冬芽大而圆钝。叶广卵圆形，长 8-15cm，基部心形，缘有带尖头的粗齿，表面疏生星状毛，背面灰白色，密生星状毛，但脉腋无簇毛。聚伞花序具花 7-12 朵。坚果基部有 5 棱。	2007 年左右，因修建学研中心而拆除北林宾馆和外语楼，去处不详。
x11	6	紫椴（籽椴）	椴树科	椴树属	*Tilia amurensis*	★	原外语楼南（现学研中心的位置）		落叶乔木，高达 15-25（30）m。树皮灰色，小枝无毛。叶广卵形或卵圆形，长 3.5-8cm，先端尾尖，基部心形，叶缘锯齿有小尖头，仅背面脉腋有簇毛。花序梗上的苞片无柄，矩圆形或广披针形，长 3.5-7cm；雄蕊 20，无退化雄蕊。坚果卵球形，无纵棱，密被褐色毛。	2007 年左右，因修建学研中心而拆除北林宾馆和外语楼，去处不详。
x12	6	梧桐（青桐）	梧桐科	梧桐属	*Firmiana simplex*	★	学 8 号楼东北（P12）	P13	落叶乔木，高达 15-20m。树皮绿色，光滑。单叶互生，掌状 3-5 裂，长 15-20cm，基部心形，裂片全缘。花单性同株，无花瓣，萼片 5，淡黄绿色；成顶生圆锥花序。蓇葖果远在成熟前开裂成 5 舟形膜质心皮；种子大如豌豆，着生于心皮的裂缘。	2014 年被伐，原因不详。目前在实验楼北侧半导体研究所围墙内尚存几株（P46、53）。
x13a	6	毛叶山桐子	大风子科	山桐子属	*Idesia polycarpa* var. *vestita*	★	主楼草坪东树丛内		落叶乔木，高达 15m。干皮灰白色，不裂。单叶互生，广卵形，长 10-20cm，先端渐尖，基部心形，掌状 5-7 基出脉，缘有疏齿，表面深绿色，背面白色，叶背密生短柔毛；叶柄上有 2 个大腺体。花单性异株或杂性，无花瓣，萼片 5，黄绿色；成顶生圆锥花序。浆果球形，红色，径 7-8mm。	毛叶山桐子是山桐子的变种。原在主楼草坪东树丛内，后消失，约 10 年前尚存，近几年消失，可能在几年前植株死亡。
x14	6、7	柽柳	柽柳科	柽柳属	*Tamarix chinensis*	★	原外语楼 - 北林宾馆（现学研中心的位置）		落叶灌木或小乔木，高 2-5m。树皮红褐色，小枝细长下垂。叶细小，鳞片状，长 1-3mm，互生。花小，5 基数，粉红色，花盘 10 裂或 5 裂，苞片狭披针形或钻形。自春至秋均可开花，春季总状花序侧生于去年枝上，夏秋季总状花序生于当年生枝上并常组成顶生圆锥花序。	2007 年左右，因修建学研中心而拆除北林宾馆和外语楼，去处不详。

序号	类型	名称	科名	属名	拉丁学名	分布频率	原分布位置	图片位置	识别特点简述	备注 & 消失原因
x15	7	迎红杜鹃（蓝荆子）	杜鹃花科（石南科）	杜鹃花属	*Rhododendron mucronulatum*	★	一教南、眷12号楼东		落叶或半常绿灌木，高达2.5m。小枝具鳞片。叶长椭圆状披针形，长3-8cm，疏生鳞片，先端尖。花冠宽漏斗形，长达7.5cm，径3-4cm，淡紫红色，雄蕊10；3-6朵簇生。	90年代中期曾种植过，可能是科研引种第一年能正常开花，以后长势渐衰，生长不过5年。
x16	7	珍珠绣球（绣球绣线菊、珍珠绣线菊）	蔷薇科	绣线菊属	*Spiraea blumei*	★	学5号楼东北		落叶灌木，高达2m。小枝细，拱形弯曲，无毛。叶菱状卵形或倒卵形，长2-3.5cm，羽状脉或不显3出脉，先端钝，基部楔形或广楔形，近中部以上具少数圆钝缺齿或3-5浅裂，两面无毛，背面蓝绿色。花小而白色；伞形花序具总梗。	90年代中期尚存，消失时间不详，大致为90年代后期。
x17a	7	白花山刺玫	蔷薇科	蔷薇属	*Rosa davurica* 'Alba'	★	眷8号楼-眷10号楼		落叶灌木。形态似刺玫蔷薇（山刺玫），不同点是：花白色。	20世纪初种植，不久即消失。
x18	7	美丽蔷薇（山刺玫）	蔷薇科	蔷薇属	*Rosa bella*	★	学5号楼西南		落叶灌木，高1-3m。茎有细瘦直刺。小叶7-9，长圆形至卵形，长1-3cm，缘有尖齿，背面主脉散生柔毛及腺毛。花玫瑰红色，径约5cm，1-3朵聚生。果长卵形至卵球形，顶端有短颈，猩红色，有腺毛。	90年代初种植，可能为科研引种，90年代中期后消失。
x19	6	李	蔷薇科	李属	*Prunus salicina*	★	操场-眷1号楼		落叶乔木，高达7m。小枝褐色，通常无毛。腋芽单生。单叶互生，倒卵状椭圆形，长3-7cm，先端突尖或渐尖，基部楔形，缘有不规则细钝齿。花白色，径1.5-2cm，具长柄，3朵簇生。果近球形，具1纵沟，径4-7cm，外被蜡粉。	近几年消失，原因不详。
x20a	6	白花山桃	蔷薇科	桃属	*Amygdalus davidiana* 'Alba' 异名：*Prunus davidiana* 'Alba'	★	幼儿园西(P70)	P70	落叶小乔木。形态似山桃，不同点是：花白色，单瓣。	白花山桃是山桃的栽培品种。2014年被移除，原因不详。
x20b	6	白花山碧桃	蔷薇科	桃属	*Amygdalus davidiana* 'Albo-plena' 异名：*Prunus davidiana* 'Albo-plena'	★	原外语楼-北林宾馆（现学研中心的位置）		落叶小乔木。树体较大而开展，树皮光滑，似山桃；花白色，重瓣，似白碧桃，但萼外近无毛，花期较白碧桃早半个月左右。	白花山碧桃是山桃和白碧桃的杂交种。2007年左右，因修建学研中心而拆除林宾馆和外语楼，去处不详。如今在半导体研究所院内尚存株。
x21	6	巴旦杏（扁桃）	蔷薇科	桃属	*Amygdalus communis* 异名：*Prunus communis* 异名：*Prunus amygdalus*	★	操场-眷11号楼		落叶乔木，高达10m。树皮灰色，小枝光滑，腋芽3枚并生。叶长椭圆披针形至披针形，长4-6(10)cm，先端尖，基部楔形，锯齿钝，无毛；叶柄常有腺体。花粉红色或近白色，径3-5cm，近无梗，单生或2朵并生。果椭球形，略扁，长3-4cm，密被短绒毛；果肉干硬，熟时开裂；果核两侧扁。	1999年因修建号楼而移出校园，去处不详。
x22	7	麦李	蔷薇科	樱属	*Cerasus glandulosa* 异名：*Prunus glandulosa*	★	一教-环境楼(P56)	P57	落叶灌木，高1.5-2m。叶卵状长椭圆形至椭圆状披针形，长5-8cm，中部或近中下部最宽，先端急尖或渐尖，基部广楔形，缘有不规则细锯齿，无毛或仅背脉疏生柔毛；叶柄长4-6mm。花粉红或白色，径1.5-2cm，花柱无毛或基部有疏毛；花梗长约1cm。果红色，径1-1.3cm。	2013年夏装修环楼时被毁。
x23	7	火棘（火把果）	蔷薇科	火棘属	*Pyracantha fortuneana*	★	操场-眷11号楼		落叶灌木，高达3m。枝拱形下垂，幼时有锈色柔毛。叶倒卵状长椭圆形，长1.5-6cm，先端圆或微凹，锯齿疏钝，基部渐狭而全缘，两面无毛。花白色，径约1cm。果红色，径约5mm。	1999年因修建眷号楼而消失。
x24	6	山荆子	蔷薇科	苹果属	*Malus baccata*	★	博物馆东南小花园		落叶乔木，高6-14m。小枝细，无毛。叶卵状椭圆形，长3-8cm，顶端渐尖，叶缘有细锯齿，锯齿细尖而整齐，近光滑，质较薄。花白色或淡粉红色，密集，有香气，萼片长尖而脱落，花柄及萼片外均无毛。果近球形，亮红色或黄色，径约1cm，经冬不落。	2005年因修建馆，去处不详。
x25	6	垂丝海棠	蔷薇科	苹果属	*Malus halliana*	★	原外语楼-北林宾馆（现学研中心的位置）		落叶小乔木，高达5m。枝条开展，幼时紫色。叶卵形或狭卵形，长4-8cm，基部楔形或近圆形，锯齿细钝，叶质较厚硬，叶色暗绿面有光泽；叶柄常紫红色。花鲜玫瑰红色，花柱4-5，萼片深紫色，先端钝，花梗细长下垂，4-7朵簇生小枝端。果倒卵形，径6-8mm，紫色。	2007年左右，因建学研中心而拆除林宾馆和外语楼，处不详。
x26	6	合欢	豆科/含羞草科	合欢属	*Albizia julibrissin*	★	生物楼-行政楼(P19)	P18	落叶乔木，高达10-16m。树冠开展呈伞形，小枝无毛。复叶具羽片4-12(20)对，各羽片具小叶10-30对，小叶镰刀形，长6-12mm，宽1.5-4mm，先端尖，叶缘及背面中脉有柔毛或无毛，夜合昼展。花丝粉红色，伸出花冠外，细长如绒缨；头状花序排成伞房状。	2013年死亡，后移除。
x27	7	紫穗槐	豆科/蝶形花科	紫穗槐属	*Amorpha fruticosa*	★	实验楼西侧		落叶灌木，高达2-4m。常丛生状，小枝密生柔毛；芽常叠生。羽状复叶互生，小叶11-25，长椭圆形，长2-4cm，先端圆或微凹，有尖头。蝶形花花瓣退化仅剩旗瓣，暗紫色，雄蕊10；顶生穗状花序。荚果镰刀形，短小，仅具1粒种子。	2005年因老图书改建为实验楼，不详。

序号	类型	名称	科名	属名	拉丁学名	分布频率	原分布位置	图片位置	识别特点简述	备注 & 消失原因
x28	7	秋胡颓子（牛奶子）	胡颓子科	胡颓子属	*Elaeagnus umbellata*	★	主楼草坪西北		落叶灌木，高达 4m。通常有刺；小枝黄褐色或带银白色。叶长椭圆形，长 3-7cm，表面幼时有银白色鳞斑，背面银白色以杂有褐色鳞斑。花黄白色，芳香，花被筒部较裂片长；2-7 朵成腋生伞形花序。果卵圆形或近球形，长 5-7mm，橙红色。	约 10 年前尚存，近几年消失，原因不详。
x29	6	翅果油树	胡颓子科	胡颓子属	*Elaeagnus mollis*	★	眷 6 号楼 - 眷 7 号楼		落叶小乔木，高 5-10m。幼嫩枝、叶及芽均被星芒状鳞毛。叶卵形或卵状椭圆形，长 6-9cm，表面绿色，疏生腺鳞，背面密生银白色腺鳞，侧脉在背面隆起。花淡黄色，芳香；1-3 朵或更多簇生于叶腋。核果椭球形或卵形，长 1.5-2.2cm，有 8 条翅状纵棱脊，果肉粉质。	90 年代初尚存，90 年代中期消失。
x30	6、7	沙棘（中国沙棘）	胡颓子科	沙棘属	*Hippophae rhamnoides*	★	一教 - 环境楼		落叶灌木或小乔木，高 1-2 (18) m。枝有刺。单叶近对生，线形或线状披针形，长 3-6 (8) cm，全缘，两面均具银白色鳞斑，背面尤密。雌雄异株，无花瓣，花萼 2 裂，淡黄色。核果球形，径 4-6 (8) mm，橙黄或橘红色，经冬不落。	90 年代初尚存，90 年代中期消失。
x31	6、7	山茱萸	山茱萸科	山茱萸属	*Cornus officinalis* 异名：*Macrocarpium officinale*	★	操场 - 眷 11 号楼		落叶灌木或小乔木，高达 10m。树皮片状剥裂。叶对生，卵状椭圆形，长 5-12cm，先端渐尖或尾尖，基部圆形，全缘，弧形脉 6-7 对，表面疏生平伏毛，背面被白色平伏毛，脉腋有黄簇毛。花小，鲜黄色；成伞形头状花序，总花梗极短。核果椭球形，长约 2cm，红色或枣红色。	1999 年因修建眷 11 号楼而消失。
x32	7	黑钩叶（雀儿舌头）	大戟科	黑钩叶属	*Leptopus chinensis*	★	博物馆东南小花园		落叶小灌木，高达 1m。多分枝，小枝纤弱，幼时有短毛。单叶互生，卵形至披针形，长 1.5-4cm，全缘，质薄。花小，单性，雌雄同株；单生或 2-4 朵簇生叶腋。蒴果球形或扁球形。	约 10 年前尚存，近几年消失，原因不详。
x33	6	北枳椇（拐枣）	鼠李科	枳椇属	*Hovenia dulcis*	★	眷 7 号楼西北 (P78)	P78	落叶乔木，高 10-20m。单叶互生，卵形，长 8-16cm，先端渐尖，基部近圆形，具不整齐锯齿或粗锯齿，基出 3 主脉；叶柄及主脉常带红晕。花黄绿色，聚伞圆锥花序不对称，生于枝和侧枝顶端，罕见腋生；花柱浅裂。果熟时黑色，果梗肥大肉质，故称"拐枣"。	2015 年夏植株死亡，后被伐除。
x4a	6	无刺枣	鼠李科	枣属	*Ziziphus jujuba* 'Inermis'	★	原外语楼南（现学研中心的位置）		落叶乔木。形态似枣，不同点是：枝无托叶刺，果较大。各地栽培的大多为此变种。	90 年代种植，2007 年左右，因修建学研中心而拆除北林宾馆和外语楼，去处不详。
x5	9	葎叶蛇葡萄	葡萄科	蛇葡萄属	*Ampelopsis humulifolia*	★	理化楼 - 实验楼		落叶藤木。枝红褐色，卷须与叶对生。单叶互生，广卵圆形，宽 7-15cm，3-5 中裂或近深裂，有时 3 浅裂，缘有粗齿，背面苍白色，无毛或微有毛。浆果熟时淡黄色或淡蓝色，径 6-8mm。	2005 年因老图书馆改建为实验楼，去处不详。
x6	9	乌头叶蛇葡萄	葡萄科	蛇葡萄属	*Ampelopsis aconitifolia*	★	森工楼 - 理化楼		落叶藤木。枝细弱光滑，卷须 2 分叉，与叶对生。叶掌状 5 全裂，具长柄，全裂片菱状披针形，长 3-8cm，先端尖，常再羽状深裂。花小，黄绿色。聚伞花序无毛，与叶对生。浆果近球形，径约 6mm，熟时红色或橙黄色。	80 年代初在马路边有自生植株，80 年代中自行消失。
x7	8	洋常春藤（常春藤）	五加科	常春藤属	*Hedera helix*	★	操场 - 眷 11 号楼 (P67)	P67	常绿藤木。借气根攀援，幼枝具星状柔毛。单叶互生，全缘，营养枝上的叶 3-5 浅裂；花果枝上的叶不裂而为卵状菱形。花黄绿色，伞形花序。果黑色，球状，浆果状。	2013 年夏被伐除，原因不详。
x8	7	小紫珠（白棠子树）	马鞭草科	紫珠属	*Callicarpa dichotoma*	★	理化楼 - 实验楼 (P40)	P41	落叶灌木，高 1-2m。小枝带紫色，有星状毛。叶对生，倒卵状长椭圆形，长 3-8cm，中部以上有粗钝齿，背面无毛，有黄棕色腺点。花淡紫色，花药纵裂，花萼无毛。核果球形，亮紫色，径约 4mm，有光泽，具 4 核，经冬不落。	2015 年春被移除。
x9	6、7	海州常山	马鞭草科	赪桐属	*Clerodendrum trichotomum*	★	银杏大道西侧		落叶灌木或小乔木，高 3-6 (8) m。幼枝有柔毛。单叶对生，有臭味，卵形至广卵形，长 5-15cm，全缘或疏生波状齿，基部截形或广楔形，背面有柔毛。花冠白色或带粉红色，花冠筒细长，花萼紫红色，5 深裂。聚伞花序生于枝端叶腋。核果蓝紫色，并托以红色大型宿存萼片，经冬不落。	大约 90 年代后期消失，原因不详。
x0	7	木本香薷（华北香薷）	唇形科	香薷属	*Elsholtzia stauntonii*	★	半导体西南角围墙边（现行政楼北）		落叶亚灌木，高约 1m。单叶对生，菱状披针形，长 10-15cm，先端长尖，缘有整齐疏圆齿；揉碎后偶爆烈的薄荷香味。花小而密，花冠淡紫色，外面密被紫毛，二强雄蕊直而长，紫色；顶生总状花序穗状，长 10-15 (20) cm，花略偏向一侧。	1981 年在半导体所西南角的马路边尚存，后因在此处修建建筑而消失。
x1	7	蓝丁香（南丁香，细管丁香）	木犀科	丁香属	*Syringa meyeri*	★	二教东		落叶灌木，高达 1m。幼枝带紫色，有柔毛。叶椭圆形或卵形，长 2-5cm，基部广楔形，表面光滑，背面基部脉上有毛，侧脉 2-3 对；叶柄带紫色。花暗蓝紫色，花冠筒细长，长 1.2-1.5cm，裂片稍开展，先端内勾；圆锥花序密集，长 3-8cm。蒴果具瘤状突起。	2007 年左右，因修建学研中心而拆除北林宾馆和外语楼，去处不详。

序号	类型	名称	科名	属名	拉丁学名	分布频率	原分布位置	图片位置	识别特点简述	备注 & 消失原因
x42	7	榛叶荚蒾	忍冬科	荚蒾属	*Viburnum corylifolium*	★	原外语楼 - 北林宾馆（现学研中心的位置）		落叶灌木，高可达 2m。叶对生，卵形或宽卵形，长 3.5-6 cm，纸质，端急尖，叶缘有锯齿，叶背密被毛，具黄色透明的腺点，羽状脉在叶背明显凸起，中脉近基部两侧各有 0-2 个圆形腺体。伞形复聚伞花序，密被毛，无大型不孕花；花冠白色。果实红色，卵圆形，径约 8mm。	2007 年左右，因修建学研中心而拆除北林宾馆和外语楼，去处不详。
x43a	8	红金银花（红花忍冬）	忍冬科	忍冬属	*Lonicera japonica* var. *chinensis*	★	原锅炉房西（现行政楼的位置）		半常绿缠绕藤木。外形似金银花，不同点是：茎及嫩叶带紫红色，叶近光滑，背脉稍有毛。花冠外面淡紫红色，上唇的分裂大于 1/2。	红金银花是金银花的变种。2005 年因锅炉房拆除而消失。
x44	7	新疆忍冬（鞑靼忍冬）	忍冬科	忍冬属	*Lonicera tatarica*	★	主楼草坪东、理化楼 - 实验楼		落叶灌木，高达 3-4m。小枝中空，无毛。单叶对生，卵形或卵状椭圆形，长 2.5-6cm，基部圆形或近心形，两面无毛。花成对腋生，具一长总花梗；花冠粉红色、红色或白色，长 2-2.5cm，二唇形，上唇 4 裂（中间两裂片之间裂得较浅），花冠外面光滑，里面有毛。浆果圆形，红色，晶莹透亮，常合生。	2005 年因老图书馆改建为实验楼，去处不详。
x45	8、9	布朗忍冬	忍冬科	忍冬属	*Lonicera × brownii*	★	原锅炉房西（现行政楼的位置）		落叶或半常绿藤木，长达 6m。叶对生，卵形至椭圆形，长 3-8cm，叶背稍有毛，叶缘有时疏生缘毛，花序下 1-2 对叶基部合生。花橙色至橙红色，长筒状，长约 3-5cm，多少二唇形，花冠筒基部稍呈浅囊状。	2005 年因锅炉房拆除而消失。布朗忍冬是贯月忍冬和硬毛忍冬的杂交种。
x46a	10	金明竹（黄金间碧玉竹）	禾本科	刚竹属	*Phyllostachys reticulata* 'Castillonis' 异名：*Phyllostachys bambusoides* f. *castillonis*	★	原外语楼 - 北林宾馆（现学研中心的位置）		秆黄色，间有宽绿条带；有些叶片上也有乳白色的纵条纹。	金明竹是桂竹的栽培品种。2007 年左右因修建学研中心而拆除北林宾馆和外语楼，去处不详。

植物名录序号以"种"为编号单位，如"32"，亚种、变种、变型及栽培品种用"a、b、c 等"表示，如"32a"、"32b"等。

部分拉丁学名已按照 Flora of China（《中国植物志》英文修订版，简称 FOC）进行修改，《中国植物志》等曾用拉丁学名注为异名。

目前只统计了木本植物，草本植物有待进一步完善。

存疑详情

1. 校园内的红皮云杉和白杆尚未明确区分，有待进一步鉴定。多为红皮云杉，间有少量白杆。

2. 校园内的玉兰类植物较为复杂，除白玉兰和望春玉兰外，多为二乔玉兰，含部分栽培品种，各品种尚未细分，有待进一步鉴定。

3. 行政楼 - 博物馆这个小花园原为北林苗圃，现存的这几株杨树均为数年前杂交育种所留存，不能确定其亲本为何种杨树，北侧这株和南侧一排可能为三倍体毛白杨，中间一株可能为银白杨或其杂交种；环境楼南的两株杨树，西侧一株可能为黑杨，东侧一株尚存疑问；幼儿园西的一株杨树尚存疑问，有待进一步鉴定。

4. 校园内的蔷薇类和现代月季类植物较为复杂，含部分栽培品种，各品种尚未细分，有待进一步鉴定。眷 8 号楼 - 眷 10 号楼这片区域有多种蔷薇属植物，因数年前一位老师的育种研究而种植在此，存疑植株有待进一步鉴定。

5. 校园内的山杏和杏尚未明确区分，眷 7 号楼南的两株标注为杏，其余均暂标注为山杏，存疑植株有待进一步鉴定。

6. 校园内的梅花品种较多，部分植株尚未确定其栽培品种，部分品种尚未命名，有待进一步鉴定。

7. 实验楼南的两株樱花尚存疑问，眷 17 号楼 - 眷 19 号楼之间的两株樱花尚存疑问，眷 10 号楼南的一株樱花尚存疑问，有待进一步鉴定。

8. 校园内的海棠类植物较为复杂，存疑植株可能为海棠花、海棠果、山荆子、小果海棠或其栽培品种，有待进一步鉴定。

9. 校园内的丁香类植物较为复杂，存疑植株有待进一步鉴定。眷 15 号楼西北的一株丁香可能为重瓣欧洲丁香，眷 2 号楼 - 眷 3 号楼之间的一株小叶丁香存疑，有待进一步鉴定。

10. 校园内的连翘、金钟花、金钟连翘（连翘和金钟花的杂交种）尚未明确细分，多为金钟连翘，有待进一步鉴定。

11. 校园内的竹类植物较为复杂，存疑植株均暂标注为刚竹属竹种，有待进一步鉴定。

12. 其他存疑植株，有待进一步鉴定。

本手册还有很多错误和疏漏，希望师生们指正，共同完善北林植物记录。如果有发现错误和疏漏，或者校园中的植物有变化，请联系我们：

新浪微博 @ 雲七書坊

微信公众平台"云七书坊"（微信号 y7sf77）

Email：y7sf@sina.com

跋

岁月不息 山川不移

在晴朗的日子里，从学研中心的顶楼向西望去，可以看到一条漂亮的山脉线。古人用"北枕燕山、南襟河济、西倚太行、东临沧海"来形容北京的山水形胜，800年古都一隅的这座校园，一群莘莘学子在"知山知水"的氛围中学习着"治山治水"的本领。

十年前我来到北林读书，那时候的清华东路还是窄窄的两车道，两侧高大的洋白蜡，还有宽阔的绿化带，像极了一条乡间公路，富有淳朴的乡野气息。校园里林木葱翠，鸟肥猫壮，总是充满了生机。春季花开似锦，夏季浓荫蔽日，秋季黄叶满地，冬季白雪没蹊，四季分明，变化万千。自然的变化，带来一种简单的快乐。

岁月不曾息，十年过去，校门口的马路变宽了，锅炉房拆了建起了行政楼，学生活动中心拆了建起了博物馆，北林宾馆和外语楼拆了建起了学研中心，学校日新月异地变化着，而银杏、美桐、洋白蜡、杜梨、海棠、紫丁香们都依旧还在那里，年复一年地开花落叶。

我从一枚稚嫩的"新绿"变成一片"深绿"飘离校园，再在2012回到这里，拍照、画画、做明信片、做校园文化纪念品，又重新感受到那种来自自然的简单快乐。当初想做这本册子，只是一拍脑袋的冲动，但真正做起来，才知道难度确实比想象中大太多了。我走遍校园的每一个角落，记录下每一棵树的树种、胸径、冠幅和位置，拍下它们的照片，再用CAD画一张种植平面图，整理出一份植物名录，最后图文排版出来，做成一份融合了植物认知、摄影、测量、种植施工图、彩色平面图、分页地图等多学科的创新型作品。它的繁琐之处在于校园内的树种大多数为北京非常见树种，并且还有一些是实验用的杂交树种，需要反复鉴定其种类，也需要咨询不同院系的师生。而植物照片的拍摄也并非一日之功，必须在开花日、结果日、树叶变色日等特定时期拍摄。制作的过程中校园植物也在不断变化，需要随时更新。此外，这完全是自发的想法，没有任何资金支持，很多时候为了赚钱维生，也只能将这个项目暂时搁置。所以，三年过去了，我终于将成品摆在了大家面前。

在此，我要感谢汪远同学2008年走遍校园整理出的一份《校园植物位置一览表》，这是我最重要的一份基础资料。我要感谢陈世枢老师告诉我北林植物的故事，感谢张天麟老师、路端正老师、袁涛老师、刘秀丽老师、罗乐老师、汪远同学、何理同学、尚策同学、余天一同学帮忙鉴定各种植物，感谢王昕彦同学、李晋杰同学帮忙校订。还要感谢很多老师和同学，在你们的帮助下，我才能完成这项浩大的工程。当然还有很多错误和疏漏，期待和广大师生们一起完善。

三年来，我对北林的植物越来越熟悉的同时，也越来越惆怅，越来越不愿意在校园里闲逛。和陈老师一样，我越来越害怕那些熟悉的小伙伴们消失于眼前，害怕在图纸上画叉。我见证过2012年11月5日大风雪后的满目疮痍，我见证过施工中被砸断的麦李残枝，我见证过梧桐被锯后冷冷的树桩。在这3年多里，我眼睁睁地看着7个树种在校园里消失，它们是合欢、洋常春藤、麦李、白花山桃、梧桐、北枳椇、小紫珠。当然，我也见证了十多种新植物来到林家大院，它们是巨柏、珙桐、稠李、花楸树、'染井吉野'樱花、金叶复叶槭、树锦鸡儿、紫竹等。我记得陈老师说过那么一句："树没了我们还可以再种！"她指了指自己的头："只要我这里还在，我就永远不会倒下！"鼓掌，致敬。希望那些消失的树种有朝一日能够重新现身林家大院，其他新树种也能来到这个大家庭，共同丰富我们的生物多样性。

我标出了那些亟待保护的树种，多希望，在以后的日子里，大家可以一同守护它们，这些都是63年来几代人辛苦浇灌而成的文化遗产。它们都来自山川湖海，却囿于清华东路这一方天地，我们有幸与之相遇，共享一段时光。即使毕业多年，日后回到北林，还能道一声"好久不见"。

岁月不息，天地不移，四海同聚，今夕且珍惜。

图书在版编目（ＣＩＰ）数据

北京林业大学校园植物导览手册 / 绘七柒编著． -- 北京 ：中国林业出版社，2016.2（2020.9重印）

ISBN 978-7-5038-8426-9

Ⅰ．①北… Ⅱ．①绘… Ⅲ．①北京林业大学－植物－手册 Ⅳ．① Q948.521-62

中国版本图书馆 CIP 数据核字（2016）第 036428 号

中国林业出版社
责任编辑：李　顺　王柏迪
出版咨询：（010）83143569

出　版：中国林业出版社（100009 北京西城区德内大街刘海胡同 7 号）
网　站：http://www.forestry.gov.cn/lycb.html
印　刷：河北京平诚乾印刷有限公司
发　行：中国林业出版社
电　话：（010）83143500
版　次：2016 年 5 月第 1 版
印　次：2020 年 9 月第 4 次
开　本：889mm×1194mm　1 / 16
印　张：7
字　数：100 千字
定　价：48 .00 元